De la prospection au marteau à la métallographie pratique

Lokoho René OKITAUDJI

De la prospection au marteau à la métallographie pratique

L'Harmattan

5-7, rue de l'Ecole-Polytechnique, 75005 Paris

http://www.editions-harmattan.fr

ISBN : 978-2-343-16275-1
EAN : 9782343162751

ERREURS

Il est demandé au lecteur de nous signaler les erreurs constatées lors de l'utilisation de ces notes. Ceci, qu'il s'agisse des fautes de fond ou des erreurs moins graves.

PRÉCISIONS

Le lecteur trouvera-t-il peut-être une certaine contradiction entre les définitions de textures, structures et les exemples des textures et structures citées ? Ceci vient de ce qu'il existe deux écoles qui utilisent ces deux notions dans deux sens opposés :

– L'École française et anglophone définit la texture comme étant le reflet des conditions et de l'histoire de la cristallisation des roches, alors que la structure reflète les conditions dynamiques de leur mise en place. Ainsi on parle, par exemple, de la texture grenue pour les roches qui cristallisent massivement et de la structure fluidale de certains granites (ici, la biotite prend une orientation préférentielle ; on parle de la fluidalité planaire de la biotite).

– L'École allemande et celle des anciens pays de l'Est définissent la structure comme relation entre les différents cristaux, et la texture comme étant l'édifice de ces masses minérales. Ainsi on parle de la structure grenue et de la texture planaire. C'est donc l'opposé de l'École française.

On notera que les définitions et les macro-textures décrites depuis la page 35 jusqu'à la page 41 sont données dans l'optique de cette dernière école (allemande) alors que le reste est donné selon la conception de l'École française.

ANNOTATION

Cette petite brochure est rédigée dans le souci de rassembler un certain nombre de données pouvant permettre d'avoir une orientation sur les méthodes d'étude des minerais et des roches dans lesquelles leurs corps ont pris place. Le but de ce petit travail n'est pas celui de développer toutes les méthodes dans ce fascicule, mais du moins de fournir un plan d'ensemble pour ladite étude. On trouvera certaines des méthodes qui seront développées (cas du microscope métallographique polarisant à lumière réfléchie) ; et ceci, en se basant sur l'instrumentation et la documentation présentes au moment de la rédaction. On se propose de faire cette rédaction en trois parties :

– La première partie (Chapitre I) de ces écrits (Des notions de la prospection au marteau aux méthodes d'études des roches et des minerais associés) sera consacrée à donner au géologue les premiers éléments qui le prépare à la manière d'organiser son travail ou ses recherches sur le terrain, avant de se pencher sur les travaux et recherches au laboratoire.

– La deuxième partie (Chapitre II) sera consacrée à l'introduction aux différentes méthodes d'investigation pour la détermination des roches et des minerais qu'elles portent, suivie de la partie théorique du microscope métallographique.

– La troisième partie (Chapitre III) sera consacrée à la description des phénomènes optiques observables en lumière réfléchie (sur les sections ou sur les lames polies).

– La quatrième partie (Chapitre IV) sera consacrée à donner certains minéraux (les plus usuels), à la description de leurs propriétés optiques, au microscope métallographique, sans oublier leurs aspects géochimiques, leurs principales textures, structures et leurs associations paragénétiques, puis les principaux usages des éléments chimiques entrant dans leurs compositions chimiques.

– La cinquième partie (Chapitre V) sera consacrée à la détermination des minéraux des roches par différents tests chimiques, au calcul des teneurs géochimiques et au calcul des réserves.

Je remercie, encore, Madame Dangy d'avoir bien voulu lire en premier lieu ce texte, en son temps, et des lecteurs actuels d'y apporter certaines précisions.

CHAPITRE I

Des notions de la prospection au marteau aux méthodes d'études des roches et des minerais associés

1.1. INTRODUCTION : LA PROSPECTION AU MARTEAU

Le géologue doit maîtriser la prospection au marteau qui consiste à faire un lever géologique détaillé (tracer les itinéraires d'observations sur le terrain, observer les affleurements et échantillonner les différentes roches appartenant aux différents faciès observés pour dégager les environnements de dépôt ou de mise en place des corps géologiques ou des corps minéralisés et faire des études structurales, pétrographiques, pétrologiques et métallogéniques dans un but de proposer les modèles géologiques de dépôt des roches supports et des minerais qu'elles contiennent, de manière à dégager leur degré de congruence (concordance) ou d'incongruence (non-concordance)).

Et pour cela, le géologue va :

– tracer les itinéraires sur base des cartes topographiques ou géologiques existantes ou de commencer à les élaborer au cas où celles-ci n'existent pas encore ;

– se munir d'un sac, d'un marteau et d'un carnet de géologue, d'une boussole, d'une loupe, d'une pioche, des sachets de conservation d'échantillons, des outils qui permettront d'évaluer la dureté relative des minéraux et d'acide chlorhydrique dilué pour les premières orientations sur le terrain. Il va casser au marteau, à plusieurs endroits, au sein d'un même faciès pour observer les différentes variations ;

– déterminer la roche à partir de quelques tests élémentaires (à l'aide de l'échelle des duretés et des tests microchimiques, etc.) ;

– mesurer la direction et le pendage de la stratification des couches, de la schistosité et des fractures significatives ainsi que la direction et le plongement des couches et des linéations ;

– rechercher les minéralisations, à l'œil nu, à la loupe, suivi des observations aux microscopes, au laboratoire. Rechercher les produits d'altération (d'oxydation). Les roches cariées sont souvent teintées de rouge, de brun ou de noir, par des oxydes du fer ou du manganèse. Elles peuvent aussi être teintées de couleur verte ou bleu ciel pour des roches contenant du cuivre. La tourmalinisation ou la dissémination des tourmalines dans les schistes métamorphiques apparaît souvent au voisinage des gîtes d'étain. La transformation des roches granitiques en greisens (un agrégat où le quartz et un des micas blancs lithinifères prédominent). La kaolinisation, observée spécialement dans les roches éruptives acides (granites, granulites, trachytes et andésites), accompagne surtout les roches passées contenant de l'étain et dans de nombreux cas de filons aurifères et auro-argentifères. La dolomitisation des calcaires caractérise parfois la présence de calamine, d'hématite et d'oxyde de manganèse dans les calcaires.

En cas de découverte d'indice ou d'une minéralisation intéressante, il faut donner une indication du pourcentage des différents minéraux utiles, noter le mode de gisement des minéralisations et de leur gangue : les corps minéralisés peuvent être concordants ou discordants à l'objet (corps) géologique. Les minéralisations sont, elles, logées dans des filons, diaclases, filon-couches ou au contact des failles et de terrains de nature différente, des stockwerks ou en imprégnations dans la roche. Il faut bien indiquer la nature du contact existant entre le filon et la roche encaissante (existence de sale-bandes), puis procéder à l'échantillonnage.

Décapage des affleurements

– On procède au décapage sur l'indice lui-même pour rechercher les caractéristiques géométriques de l'affleurement : dimensions, puissances, directions, pendages.

– On réalise deux autres tranchées séparées de 10 m de part et d'autre. Tous les résultats seront notés dans le carnet du géologue.

Échantillonnage (but qualitatif)

– On prend plusieurs échantillons représentatifs du minerai et des roches au sein desquelles le minerai a pris place pour faire des lames minces, des sections polies et/ou des lames polies au laboratoire.

– S'il s'agit d'un chapeau de fer, il faut prendre 10 à 15 échantillons pour faire une multi-analyses. Il ne faut pas oublier que le nombre d'échantillons est déterminant lors des études, car on sait qu'une étude statistique d'une série de données n'est valable qu'au-dessus de 30 échantillons dans le cas de la loi normale, dite la loi de Gausse.

Au laboratoire, le géologue a besoin d'une loupe binoculaire, d'un microscope polarisant à lumière transmise pour des études minérales, pétrographiques et pétrologiques, d'un microscope polarisant à lumière réfléchie pour des études métallographiques, d'un poste avec produits chimiques courants pour faire des tests et analyses géochimiques.

Pour ce qui concerne les études pétrographiques et pétrologiques, le livre de Marcel Roubeault (1964) est le mieux indiqué, alors que pour ce qui concerne les études métallographiques, ce sont celui de Ramdohr (1950) et de Raguin (1951) qui sont les mieux indiqués.

Les notes qui suivent, dans le cadre de cet ouvrage, ont pour but d'aider le géologue à faire une étude métallographique (analyse des minerais) des minéralisations rencontrées.

1.2. Différentes méthodes d'investigation pour l'étude des roches :

*** Études macroscopiques :**

– On utilise l'échelle des duretés relatives de minéraux réalisée par MOHS pour déterminer les minéraux (exemple : l'ongle raye le gypse, le quartz raye l'acier, etc.).

– On utilise aussi des acides (exemple : le calcaire fait effervescence à l'acide chlorhydrique dilué à 10 %, alors que la dolomie ne fait effervescence qu'à chaud, etc.).

*** Études microscopiques :**

– Au microscope polarisant à lumière transmise, on peut déterminer les minéraux transparents pour en déduire les paragenèses, les textures et les structures pour des études pétrographiques et pétrologiques.

– Par contre, au microscope polarisant à lumière réfléchie, on procède à la description des sections polies ou des lames polies pour la détermination des minéraux opaques ; ceci, pour des études métallographiques.

– La loupe binoculaire permet de déterminer rapidement les minéraux avant d'étudier de manière approfondie les paragenèses pétrographiques et métallographiques.

– La platine chauffante permet de faire la décrépitation des minéraux (décrépitation des inclusions fluides contenues dans les minéraux).

– Le microduromètre permet de déterminer des microduretés Vickers de minéraux.

– La microsonde électronique et le Camebax permettent de déterminer des minéraux et leur composition chimique.

*** Analyses chimiques classiques :**

– Ici, on procède à faire des analyses des minéraux et/ou des roches selon les méthodes chimiques classiques.

*** Études des minéraux isolés, aux R.X :**

– Ici, on procède à déterminer les minéraux par la diffractométrie des R.X.

*** Études de certains minéraux au spectrographe de masse.**

*** Études des minéraux au spectrographe optique pour analyse qualitative.**

*** Études des minéraux au spectrophotomètre et à la fluorescence X.**

*** Études des minéraux par activation neutronique.**

1.3. Mode opératoire d'analyse des minéraux et des roches

*** Roches cohérentes**

On analyse des lames minces des roches au microscope polarisant à lumière transmise pour déterminer la composition minéralogique, les textures et structures de la roche (pour des études pétrographiques et pétrologiques).

Aussi, on analyse des sections polies ou des lames polies au microscope polarisant à lumière réfléchie (pour des études métallographiques).

*** Roches meubles**

Les minéraux en grain, le concentré alluvionnaire et/ou éluvionnaire sont d'abord traités (décapés) à l'acide (pas tous les minéraux car certains comme les carbonates sont détruits par l'acide).

Les grains ou la poudre minérale sont examinés à la loupe binoculaire.

On examine aussi la poudre des minéraux sous les liquides d'indice (Voir E. M. Denaeyer, 1951).

On procède à des tests chimiques ou géochimiques classiques.

1.4. Microscope polarisant à lumière transmise et détermination des minéraux

En examinant une lame mince au microscope, l'opacité, la transparence, l'intensité de la biréfringence, la coloration, l'isotropie ou l'anisotropie, le pléochroïsme, le caractère des extinctions et de l'allongement, l'uniaxie ou la biaxie, le signe optique, les macles sont les caractères essentiels qui décident de l'étiquette à mettre sur un minéral. Le relief en est, lui aussi, un caractère important, mais le milieu enrobant étant fixé une fois pour toutes (Baume du Canada d'indice 1,54), ce n'est qu'à celui-ci qu'on pourra le comparer, ou encore au relief de l'un ou l'autre minéral associé dont l'indice est connu.

À ce sujet, il est recommandé d'utiliser les tableaux de Denaeyer (1951) et/ou d'autres ouvrages qui aident à faire des études pétrographiques comme celui de Marcel Roubault (*La détermination des minéraux au microscope polarisant*, 1964), et des études métallographiques comme ceux de Capdecomme (1940), de Ramdohr (1950) et de Raguin (1951), etc.

Quant à la poudre d'un minéral isolé ou d'un mélange de minéraux, la détermination se fait en immergeant la poudre ou le mélange de minéraux dans divers liquides d'indices connus (la liste de ces différents liquides peut être consultée dans E. Denaeyer, 1951, p. 7) et comparer le relief des grains à la réfringence de ces liquides. En ce moment-là, la couleur, le relief et le pléochroïsme deviennent des caractères essentiels. Pour les minéraux se débitant en feuillets, il y a lieu de voir d'autres critères optiques comme celui du signe optique.

1.5. Évaluation des indices des minéraux en lames minces ou en poudre

Les procédés de :

– Frange de Becke ;

– Frange de Schroeder ;

– Liquides réfringents que l'on peut trouver dans le livre de E. M. Denaeyer, 1951, peuvent rendre des grands services pour ces évaluations.

CHAPITRE II

Mode opératoire pour la détermination des minéraux des roches et des concentrés par la méthode des poudres

2.1. Introduction et technique opératoire

On profitera de la dispersion des minéraux dans l'échelle des densités et des indices pour les déterminer. La technique repose essentiellement sur la séparation des minéraux par des liqueurs lourdes (denses) en un certain nombre de lots. Dans chacun de ces lots, les minéraux sont classés en groupes d'après leur densité. Comme la densité et l'indice de réfraction d'un minéral ont une relation linéaire, dans chaque groupe, l'utilisation de leurs indices de réfraction permettra une détermination précise. Les propriétés optiques des grains et des lamelles de clivage sont ensuite mises à contribution pour l'identification des minéraux. Les minéraux opaques sont examinés à part en lumière réfléchie après les avoir enrobés dans une matière plastique (araldite, éponix, bakélite, etc.) et les avoir polis. Le traitement des concentrés obtenus par désagrégation, par broyage (s'il s'agit de roche ordinaire) se résume comme ci-après :

2.1.1. Tamisage

Le concentré C est jeté sur un petit tamis n° 10 emboîté sur un tamis n° 100. Le refus du tamis n° 10 constitue le gravier G (diamètre supérieur à 1,7 mm).

Les grains passant au tamis n° 100 forment les fins (F) dont le diamètre est inférieur à 0,15 mm.

Le sable proprement dit, E_1, qui sera traité ultérieurement est recueilli sur le tamis 100. Il renferme les grains de diamètre compris entre 0,15 mm et 1,7 mm. On peut faire un calibrage plus poussé, à l'aide des tamis intermédiaires n° 40 et 70, par exemple. On obtient alors des portions E_1, E_2, E_3, E_4, etc. Les fractions F et G sont pesées et examinées à part.

2.1.2. Traitement du sable E1 (X_1) à l'aimant faible (Aimant ordinaire)

Un aimant ordinaire est promené au-dessus du sable préalablement étalé sur une feuille de papier (de préférence, intercaler une feuille de papier entre l'aimant et les grains pour faciliter le recueillement des grains). Les éléments très magnétiques M : magnétites, pyrrhotites, et une partie des fers titanés ou titano-magnétites sont éliminés.

2.1.3. Traitement du sable (E2) X_2 (non attribuable à l'aimant ordinaire)

Le sable E2 (pas attirable par l'aimant ordinaire) est soumis à un électroaimant.

Celui-ci peut permettre d'éliminer l'hématite, l'ilménite, la limonite des silicates de fer, etc. Le résidu que l'on pèse constitue le sable non magnétique S.

2.1.4. Traitement du sable S par des liqueurs denses

On le traite d'abord au bromoforme qui isole les minéraux de densité inférieure à 2,9. Pour cela, il suffit de jeter le sable dans une capsule à fond rond contenant le bromoforme, d'agiter et de laisser reposer. Les minéraux légers s'étalent à la surface, les minéraux lourds ayant une densité supérieure à 2,9 se rassemblent au fond de la capsule. On décante, sur filtre, le liquide qui entraîne la majorité des grains légers mêlés aux minéraux lourds. Le résidu est traité de la même manière à l'iodure de méthylène (densité = 3,33). Le nouveau résidu est traité par la liqueur de Clérici[1] à froid (densité = 4,2). Enfin, le dernier résidu est traité par la liqueur de Clérici à chaud (densité = 5,02).

Après le passage à la liqueur de Clérici, les minéraux sont lavés à l'eau distillée bouillante et non à l'éther.

On notera que les produits utilisés étant très coûteux, il y a intérêt à réduire au minimum la dimension des filtres, pour éviter des pertes par imprégnations trop importantes. Ces produits sont ensuite récupérés dans l'éther et les eaux de lavage par évaporation au bain-marie.

On obtient finalement :

– Le lot I renfermant les minéraux de densité inférieure à 2,9 ;

– Le lot II renfermant les minéraux de densité comprise entre 2,9 et 3,33 ;

– Le lot III renfermant les minéraux de densité comprise entre 3,33 et 4,2 ;

– Le lot IV renfermant les minéraux de densité comprise entre 4,2 et 5,02 ;

– Le lot V renfermant les minéraux de densité supérieure à 5,02.

[1] Pour la préparation de la liqueur de Clérici, voir J. Orcel et St Pavlovitch, Bull. Soc. Fr. Minér. t. 55 (1932), p. 85-88.

Ces lots sont recueillis séparément sur des verres de montre.

Contrôle de la densité des liqueurs denses

Cette opération peut se faire très rapidement à l'aide des petits cristaux témoins :

1) La dolomite (Ds = 2,87) flotte sur le bromoforme ;

2) L'aragonite (Ds = 2,94) tombe dans le bromoforme ;

3) La dioptase (Ds = 3,30) flotte dans l'iodure de méthylène ;

4) L'idocrase (Ds = 3,50) tombe dans l'iodure de méthylène ;

5) La blende (Ds = = 4,06) flotte sur la liqueur de Clérici à froid ;

6) Le rutile (Ds = 4,22) tombe dans la liqueur de Clérici ;

7) La pyrite (Ds = 5,02) flotte sur la liqueur de Clérici à chaud ;

8) L'hématite (Oligiste) (Ds = 5,10) tombe dans la liqueur de Clérici à chaud.

2.1.5. Examen optique préliminaire

Un examen préliminaire des minéraux sous la loupe binoculaire permet de se procurer beaucoup de données utiles sur la transparence des grains, leur couleur, leur forme, leurs clivages.

2.1.6. Traitement des lots III, IV et V au gros aimant en fer à cheval garni de pièces polaires (aimant fort)

Ce traitement permet de constituer :

– un lot IIIa contenant principalement des grenats (almadin et mélanite), de la picotite et une partie de l'olivine ;

– un lot IVa renfermant l'ilménite, la chromite et le xénotime ;

– un lot Va est formé par le wolframite (et parfois certaines hématites).

Ces constituants seront déterminés suivant des méthodes décrites ci-haut.

2.1.7. Détermination optique des minéraux transparents des lots I à V

Chaque lot sera traité séparément de la façon suivante :

– Une petite fraction bien homogène est broyée entre deux tas en verre ou en agate. De cette façon, les minéraux clivables fourniront des lames de clivage, les autres fourniront des fragments anguleux de quelques centièmes de millimètres d'épaisseur.

Deux ou trois millimètres cubes de cette poudre sont alors transportés sur un porte-objet, recouverts d'une lamelle et immergés dans un liquide réfringent dont on dépose quelques gouttes à côté de la lamelle. Le liquide pénètre par capillarité et imprègne la poudre.

Avec le lot I, on emploiera le créodonte (N = 1,54).

Avec le lot II, on utilisera la naphtaline mono-bromée (N = 1,657)

Avec le lot III, on utilise d'abord la naphtaline mono bromée puis sur une deuxième prise d'essai, on utilise une solution d'iodure de méthylène saturée de soufre (N = 1,795), enfin sur une troisième prise, on utilise la liqueur de West (N = 2,06).

Avec les lots IV et V, on va utiliser successivement la solution d'iodure de soufre et la liqueur de West.

Par rapport à l'indice de chaque liquide, les minéraux transparents se classent en trois groupes : minéraux à relief plus faible, minéraux à relief égal et minéraux à relief plus élevé.

Les quatre liquides créent donc théoriquement, dans chaque lot, cinq coupures déterminant neuf groupes numérotés comme suit :

– Groupe 1 .... N < 1,54
– Groupe 1-2 .... N proche de 1,54
– Groupe 2 .... 1,54 < N < 1,657
– Groupe 2-3 .... N proche de 1,657
– Groupe 3 .... 1,657 < N < 1,795
– Groupe 3-4 .... N proche de 1,795
– Groupe 4 .... 1,795 < N < 2,06
– Groupe 4-5 .... N proche de 2,06
– Groupe 5 .... N > 2,06

En pratique, on constate que l'indice de réfraction croît, en général, avec la densité. C'est pourquoi on ne devra essayer qu'un, deux ou, au maximum, trois liqueurs par lot.

Le procédé de Becke ou celui de Schroder Von der Kolk permet de comparer le relief d'un minéral par rapport à un liquide d'indice connu.

On pourra donc classer les minéraux dans un des groupes indiqués ci-dessus. Pour terminer la détermination des éléments assemblés dans un groupe, on devra utiliser leurs caractères particuliers tels que : isotropie, anisotropie, couleur, polychroïsme, uniaxie, biaxie, signe optique, biréfringence approximative, caractères optiques liés aux clivages, angle d'extinction, etc.

2.1.8. Préparation des minéraux opaques des lots III à V

Il est renvoyé au lecteur de trouver les éléments relatifs à cette préparation au paragraphe I que l'on lit au chapitre III suivant.

2.1.9. La préparation des échantillons

Quant à la préparation des échantillons, pour des roches cohérentes, on procède au polissage des pains (petits prismes taillés de roches) ou encore on procède à fabriquer des sections ou des lames polies des échantillons que l'on va observer au microscope polarisant à lumière réfléchie.

2.1.10. Résumé du mode opératoire pour la détermination des minéraux opaques

On fixe les échantillons polis sur un porte-objet, à l'aide de la plasticine. L'horizontalité de la surface polie s'obtient entre les plateaux parallèles d'une presse à main, à l'aide d'une légère pression. La section polie ou la lame polie en question est examinée sous une lumière polarisée réfléchie au microscope métallographique.

2.2. Présentation du microscope métallographique

2.2.1. Principe

La lumière issue d'une source lumineuse est renvoyée à l'infini et collectée par deux lentilles, puis pénètre dans un tube du microscope où elle est déviée à 90° par un illuminateur vertical. Cette lumière est polarisée rectilignement à son entrée dans le microscope, au moyen d'un nicol ou d'un polaroïd placé entre les lentilles collectrices. Notons encore que la présence du diaphragme d'illumination D1 et de celui du champ D2 entre ces deux lentilles (voir Fig. 1) est obligatoire.

Cette lumière polarisée verticalement traverse alors l'objectif, qui joue ainsi le rôle de condenseur. La lumière atteint alors l'objet (surface polie).

L'objet qui est du point de vue optique, peut être considéré comme un miroir modifiant par réflexion la qualité de la lumière qu'il reçoit, renvoie le faisceau lumineux vers l'oculaire à travers l'objectif. Entre l'objectif et l'oculaire, se trouve un analyseur (nicol ou polaroïd).

Il est important de rappeler que, comme pour tout microscope, le grossissement du microscope métallographique (le rapport de l'angle sous lequel l'œil voit l'objet à travers le microscope, à l'angle sous lequel il le voit dans des conditions normales, c'est-à-dire placé sans instrument à 25 cm de l'objet) est donné par la formule :

G = gobj. X GOC

Avec :

G = gobj. X goc, avec

G = grossissement du microscope

gobj = grandissement objectif et goc = grandissement oculaire

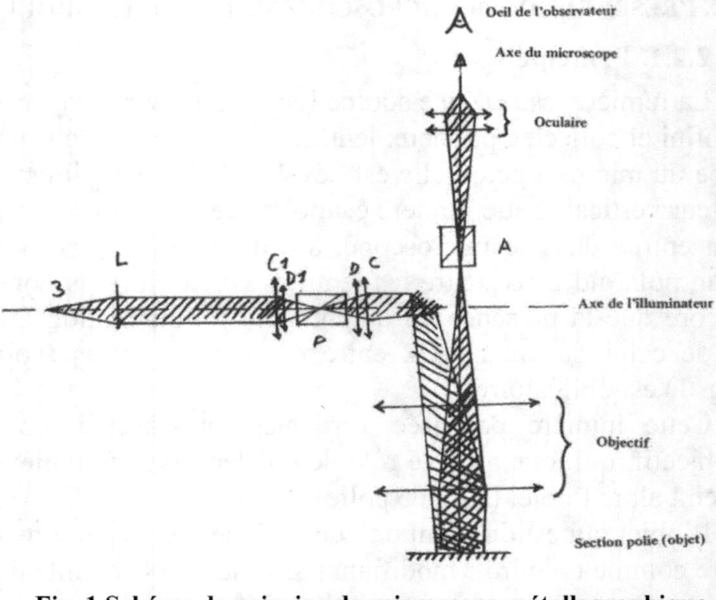

Fig. 1 Schéma de principe du microscope métallographique

(D'après Bernard A., 1963 : *Les travaux pratiques de métallogénie*, ENSG de Nancy)

S = Source lumineuse (Lampe de 6V) L = Lentille de réglage de la source

C1 et C2 = Lentilles collectrices D1 = Diaphragme d'illumination

D2 = Diaphragme de champ : Pour les mesures de pouvoir réflecteur

P = Nicol polarieur I = Illuminateur incliné (incliné à 45°)

Obj. = Objectif jouant les rôles de condenseur et d'objectif

A = Nicol analyseur Oc = Oculaire

2.2.2. Modes d'illumination

Le problème de réalisation d'un appareil illuminateur est l'un des problèmes ardus à résoudre, tant du point de vue pratique que théorique.

L'expérience prouve, en effet, que toute surface réfléchissante modifie l'état de polarisation de la lumière. Elle devient elliptique, et ceci, d'autant plus que les rayons lumineux tombent plus obliquement sur cette surface. Si l'on veut utiliser le microscope métallographique pour faire des mesures de grandeurs comme, le pouvoir réflecteur, l'anisotropie, etc., le problème se pose donc de dévier de 90° une lumière polarisée linéairement de façon homogène, ce, sans modifier cet état.

2.3. Quelques types d'illumination

2.3.1. Lame de verre

Une forte partie de la lumière est perdue dans l'illuminateur. En plus, cet illuminateur transforme la qualité de la lumière, ce qui rend impossibles les mesures.

2.3.2. Prisme à réflexion totale (opaque illuminateur)

La lumière ne tombe pas parfaitement dans l'axe de l'objectif, mais se réfléchit selon cet axe (Fig. 1). Toute la lumière réfléchie est utilisée. La modification considérable de l'état de polarisation de la lumière rend toute mesure impossible.

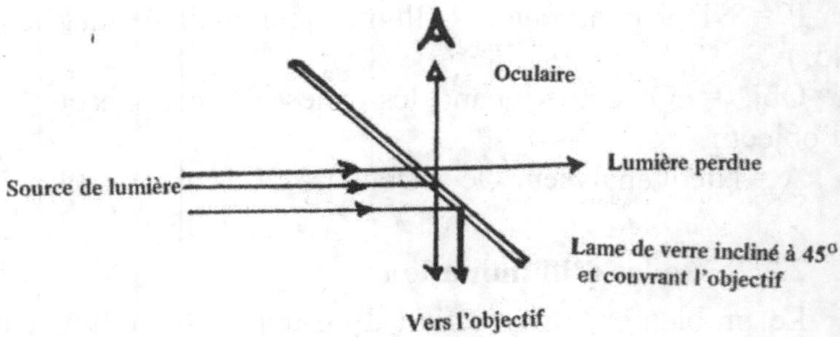

Fig. 2 : Illuminateur à lame de verre

2.3.3. Prisme de Porro : amélioration du prisme à réflexion totale

Deux prismes à réflexion totale tournés de 90° l'un par rapport à l'autre sont associés : l'état de la polarisation de la lumière est alors assez peu modifié.

2.3.4. Prisme de Berek : système adopté sur les microscopes Leitz

Dans un même prisme d'indice n3, la lumière subit trois fois les réflexions totales : le champ lumineux produit est polarisé d'une façon homogène et rectiligne.

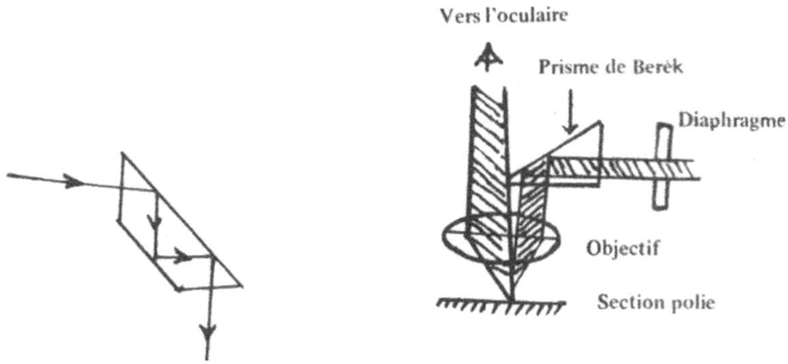

Fig. 3 : Prisme de Berek

2.3.5. Prisme de Capdecomme

Deux prismes à réflexion totale d'indice n3, tournés à 90° l'un par rapport à l'autre, et accolés par l'intermédiaire de Baume du Canada donne un résultat supérieur aux précédents en particulier grâce à l'élimination de rayons parasites par le Baume du Canada.

Le type de microscope qui est décrit ici est le microscope Leitz. Il est alimenté en lumière par une lampe sous tension de 3,5 V à 7,8 V, au moyen d'un transformateur. La lumière issue de la lampe est débarrassée de ses rayons infrarouges au moyen d'un filtre. La lampe filtre les lentilles collectrices, diaphragmes d'illumination et de champ plus nicol polariseur, nicol analyseur, se font tous incorporer dans l'illuminateur opaque. La lampe, l'illuminateur et le tube du microscope doivent être fixes au cours de la manipulation. La mise au point de l'objet se fera en levant et en descendant (de préférence mettre au point en descendant pour ne pas casser l'objectif) la platine du microscope au moyen d'une crémaillère à mouvement rapide. On peut fignoler cette mise au point grâce à la crémaillère à mouvement lent.

2.3.6. Préparation des échantillons

a) Introduction

Comme on l'a dit au chapitre précédent, la surface polie d'un échantillon à observer fait partie de l'appareillage optique du microscope. Elle doit se présenter comme un miroir aussi uni que possible.

L'échantillon de minerai sera donc d'abord scié à des dimensions convenables, puis rendu plat par polissage, puis enrobé afin de pouvoir être poli à la machine par un agent polisseur.

b) Sciage

Le sciage s'effectue avec une scie à disque. Il faudra amener l'échantillon à des maxima de 1 cm d'épaisseur, sur 3 X 3 cm de surface. Si l'échantillon est fragile, et risque de se casser ou de se réduire en poudre au sciage, il sera utile de l'imprégner avec un vernis cellulosique.

c) Dépolissage (Pré-polissage)

L'échantillon, le cas échéant durci par imprégnation, sera dépoli sur une face, afin que cette face devienne plate. Pour ce faire, on utilise un tour à polir avec une poudre d'émeri. On va employer des émeris de plus en plus fins, afin de se rapprocher au maximum d'un bon poli. Le pré-polissage se termine par l'emploi de la potée impalpable. Lorsqu'on passe d'un émeri de granulométrie donnée à un émeri de granulométrie inférieure, la tour à polir et l'échantillon doivent être soigneusement lavés et éviter également des arrachements qui peuvent rayer la section. Il ne faut pas utiliser les abrasifs de plus de 50 microns. On utilisera ceux à 20 microns au maximum.

d) Enrobage

Pour pouvoir laisser ensuite l'échantillon se polir longuement (douze heures sont souvent nécessaires), celui-ci sera enrobé dans une matière amorphe moulée dans une moule de la taille des cardans de la machine utilisée par la suite. On trouve ci-dessous les différents produits qui peuvent être utilisés :

– la cire à cacheter, facile à employer, mais fragile ;

– les plastiques ;

– la Norsodine, qui a l'inconvénient de subir des retraits avec le temps ;

– le Rhodopaz, bien qu'il ne soit pas trop commode à utiliser ;

– la gomme-langue, qui est mélangée à la cire pour donner un enrobage solide, mais facile à manier ;

– le palatal ;

– la bakélite ;

– l'éponix ;

– les acrylates, etc.

Pour faciliter le démoulage, on enduira le moule de savon avant l'utilisation.

e) Polissage

Cette opération consiste à transformer la face dépolie (pré-polie) de la section en miroir, au moyen des abrasifs qui n'attaquent que peu la surface en question.

Les agents de polissage couramment employés sont :

– la poudre d'oxyde de chrome ;

– les poudres d'alumine de plus en plus fines (pendant 1, 3, 6, 24, heures).

La tour à rotation relativement lente est revêtue d'un tissu que l'on arrose avec de l'eau contenant un des agents de polissage ci-dessus mentionnés. Comme autres supports des abrasifs ; si les grains ont une action roulante, c'est du verre ou de l'acier, si les grains ont une action fixe, on utilise de la laine, du nylon, du bois, du disque de plomb qui a l'avantage de réduire le relief des minéraux.

La première méthode est simple à manier (même à la campagne). On a comme résultat : la Galène (PbS = Sulfure de plomb) s'observe dans les trous alors que la Pyrite (FeS_2 = Sulfure de fer) s'observe en relief.

La deuxième méthode est la meilleure mais elle reste très lente et très difficile à manier. Il faut laisser les échantillons pendant 12 heures dans la polisseuse Rewalt.

Tableau 1a : résumé donnant les outils et les éléments nécessaires au polissage

Dimension	1re méthode ordre > 10 µ	2e méthode ordre du µ	3e méthode ordre < µ
Tronçonnage	Diamant	Diamant	Diamant
Meulage grossier	Plaque de verre SiC <20 µ Al_2O_3	Plaque de verre SiC <2 µ	Roulant 10/20 µ 6/4 µ
Enrobage			
Meulage fin polissage grossier	Plaque de verre SiC Papiers de + en + fin	Grains fixes D 7 µ D 1 µ	
Polissage fin impalpable	Drap billard Al_2O_3 < µ	Drap doux Al_2O_3 = 0,1 µ	Potée Al_2O_3 < 0,1 µ MgO < 0,1 µ

f) Résultats

De façon générale, il n'est possible d'obtenir un bon poli sur toute une association de minéraux que si cette association contient des minéraux de dureté et d'aptitude au polissage équivalentes.

Lorsque dans une même section, des minéraux de dureté différente se trouvent en association, leur attaque sera de rapidité différente ; aussi trouvera-t-on des plages en relief sur d'autres, et ce, d'autant plus que la durée du polissage aura été plus longue.

En général, les conditions ambiantes transforment rapidement l'aspect de la face polie : il faudra donc, sous peine d'observer les artéfacts, examiner la section polie sitôt le polissage terminé, ou du moins « rafraîchir » la section polie avant chaque examen, c'est-à-dire enlever le ternissage de la section par un polissage rapide d'une vingtaine de minutes à la poudre d'alumine fine.

CHAPITRE III

Les phénomènes optiques visibles en lumière réfléchie sous incidence normale

3.1. Quelques notions à rappeler

3.1.1. Notions sur les indices

L'indice d'un minéral sera noté comme ceci : $n_c = n - ik$, avec :

n_c = indice du minéral

n = indice de réfraction d'un minéral

ik = nombre complexe dont k = coefficient d'absorption du minéral.

3.1.2. Phénomènes visibles avec un seul nicol (Nicols parallèles)

a) Pouvoir réflecteur (P.R.) et pléochroïsme

Le pouvoir réflecteur (brillance) d'un minéral (d'une section) est le rapport de l'intensité lumineuse réfléchie par ce minéral à l'intensité lumineuse reçue par ce minéral (cette section).

Lumière monochromatique = n = f (N)

Les calculs (Bernard A., 1963) montrent que le pouvoir réflecteur (P.R.) est égal à :

$$P.R. = \frac{(n_c - n_o)^2 + (n_o k)^2}{(n_c + n_o)^2 + (n_o k)^2}$$

Avec : $n_c = n\text{-}ik$ = indice du minéral étudié

n_o = indice du milieu ambiant dans lequel on observe le minéral, sachant que dans l'air $(n_o k)^2 = 1$

Le pouvoir réflecteur (P.R.) étant lié à l'indice du minéral, il varie donc en règle générale avec la direction cristallographique selon laquelle il est considéré dans un minéral. Cette variation entraîne des variations d'intensité de la lumière réfléchie que l'on appelle polychroïsme. Le polychroïsme est donc d'autant plus visible que la différence entre le pouvoir réflecteur maximum et le pouvoir réflecteur minimum est forte. En pratique, on observe un changement de couleur du minéral lorsqu'on est en lumière naturelle selon la version Marcel Roubeault (il s'agit en réalité de ce qu'on appelle lumière polarisée une fois ou Nicols parallèles) et cela, en tournant la platine du microscope. C'est ce changement de couleur que l'on appelle polychroïsme ou pléochroïsme. Les calculs montrent que le pléochroïsme (différence entre le pouvoir réflecteur maximum et le pouvoir réflecteur minimum) est proportionnel à l'indice du milieu ambiant.

Pléochroïsme = P.R. maximum – P.R. minimum

Il sera donc utile pour observer un pléochroïsme faible, d'accroître artificiellement son intensité en remplaçant le milieu ambiant naturel usuel (Air avec son indice = 1) par un milieu ambiant d'indice plus fort (par exemple, l'eau dont n = 1,33, ou par l'huile de cèdre dont n = 1,516). C'est ce qu'on appelle faire l'observation en immersion.

On notera que le pouvoir réflecteur d'un minéral peut varier suivant que ce dernier est en relief ou dans le trou (voir les figures 4a et 4b ci-dessous), Fig. 4

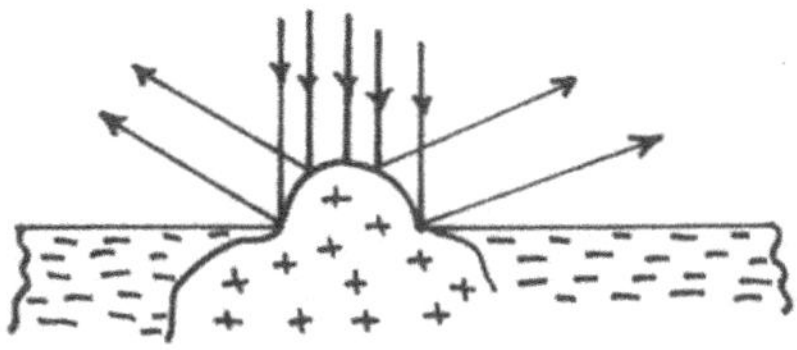

Fig. 4a

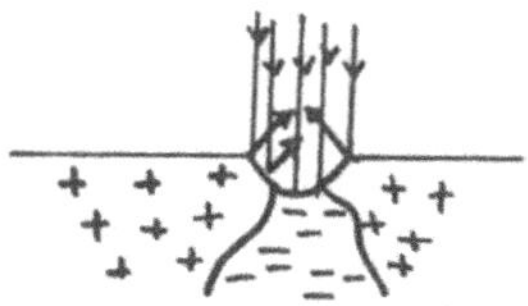

Fig. 4b

P.R. (fig. 41 est plus élevé que celui de fig. 4b) d'après NAYDENUVA, E., ZAPRIANUVAN (1958) ZAPRIANUVAN (1958).

Fig. 4 : Comparaison des pouvoirs réflecteurs d'un même minéral selon qu'il est en relief (4a = P.R. plus élevé) ou dans le trou (4b = P.R. moins élevé), d'après Naydenuva et Zapriaunuva (1958)

Dispersion du pouvoir réflecteur (P.R.)

La lumière blanche du spectre solaire est composée d'une somme de radiation de longueur d'onde différente, et chacune de ces radiations a un indice propre pour chaque minéral : aussi le pouvoir réflecteur variera-t-il généralement avec la longueur d'onde. Il y a donc une dispersion du pouvoir réflecteur avec la longueur d'onde. Si cette dispersion est normale, le pouvoir réflecteur décroît quand la longueur d'onde augmente : aussi, les minéraux doués de cette particularité auront-ils une légère nuance bleue, d'autant plus intense que la dispersion sera forte. Si cette dispersion est normale, le pouvoir réflecteur ne suit pas cette loi : les minéraux présentant ce phénomène sont d'autant plus colorés que la dispersion anormale est forte (Fig. 5).

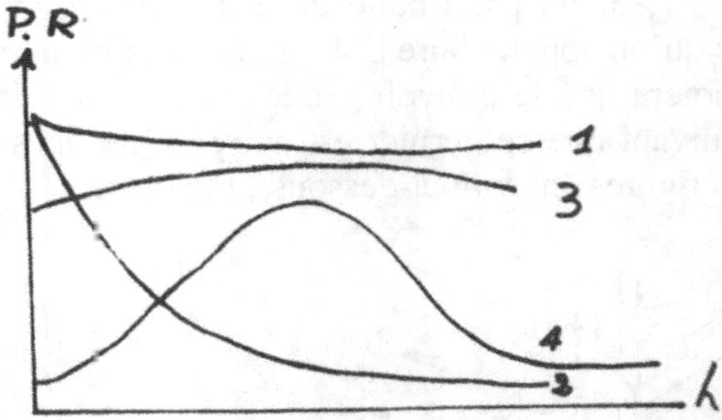

Fig. 5 : Dispersion du pouvoir réflecteur (P.R.) en rapport avec la longueur d'onde

1 – Dispersion normale faible : minéral blanc, très légèrement nuancé de bleu (exemple de la Molybdénite)

2 – Dispersion normale forte : minéral bleu (ex. Covelline)

3 – Dispersion anormale faible : minéral blanc avec une légère nuance colorée (ex. la pyrite, blanc avec une pointe de jaune)

4 – Dispersion anormale forte : minéral coloré (ex. Chalcopyrite, jaune).

b) Couleur

La couleur d'un minéral est due à un phénomène très différent du pléochroïsme ainsi la chalcopyrite, minéral fortement coloré en jaune, n'est pratiquement pas pléochroïque, tandis que la molybdénite, minéral blanc, est très fortement pléochroïque. L'usage veut que l'on parle de :

– pléochroïsme dans les blancs ;
– pléochroïsme dans les bleus ;
– pléochroïsme dans les gris, etc.

c) Dureté ou résistance au poli

Lors du polissage, le minéral le plus dur est attaqué moins vite que le minéral le plus tendre : celui-là reste en relief par rapport à celui-ci. La lumière incidente se réfléchit sur la falaise séparant les deux minéraux et il apparaît à ce niveau un liseré lumineux dit liseré de Van Der Veen. Ce liseré permet de déterminer le minéral le plus dur et le minéral le plus tendre en appliquant la règle suivante :

Règle :

Lorsqu'on augmente (+) la distance du minéral à l'objectif, le liseré lumineux de Van Der Veen se déplace du minéral le plus dur vers le minéral le plus tendre (+ → -) et vice versa (voir Fig. 6).

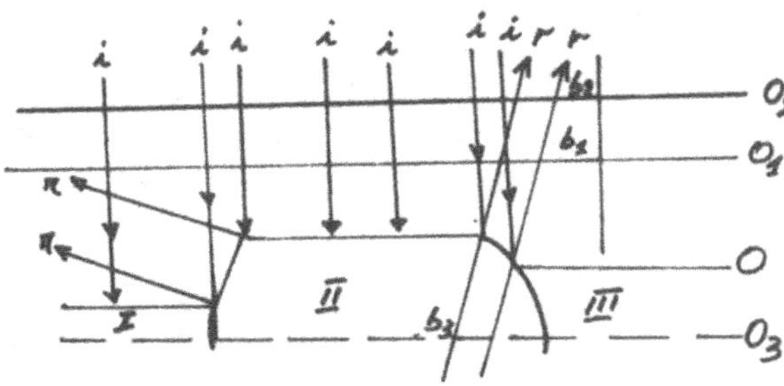

Fig. 6 : Explication du liseré de Van Der Veen (Fig. empruntée de Naydenuva et Zaprianuva, 1958)

I = Galène avec une dureté de 2,5

II = Pyrite avec une dureté de 6,5

III = Blènde avec une dureté de 4.

a, b et o = Niveau réel des surfaces des minéraux précités

a1, b1, et o1 = Mise au point de cette zone de la section minérale au microscope a2, b2, et o2 = Mise au point détruite de ladite zone en augmentant la distance entre l'objectif et la section.

On observe bien que lorsqu'on est au point (a1, b1 et o1) il y a un trait noir à la limite des deux minéraux et qu'à l'intersection des rayons lumineux incidents (i) et de ceux réfléchis (r), il y a apparition d'un liseré lumineux qui, d'après les schémas aux niveaux (a2, b2, o2), s'est déplacé vers le minéral III (le minéral le plus tendre).

Il y a certains minéraux comme la pyrite qui peuvent présenter une anisotropie de dureté, on ne s'étonnera pas de voir certaines plages d'un même minéral en relief par rapport aux autres.

3.1.3. Phénomènes visibles entre nicols croisés

a) Anisotropie (pouvoir réflecteur entre nicols croisés)

L'anisotropie est définie comme étant le rapport de l'intensité lumineuse reçue par l'oculaire (lumière ayant traversé l'analyseur) à celle reçue par le minéral.

Le calcul de cette quantité d'énergie lumineuse reçue par l'oculaire montre qu'elle varie en fonction de l'angle alpha que fait le plan de polarisation de la lumière incidente avec la direction du pouvoir réflecteur au maximum de la section, du rapport des deux pouvoirs réflecteurs principaux de la section (rapport appelé degré d'anisotropie = alpha) et de l'indice du milieu ambiant dans lequel on fait l'observation. Le minéral s'éteint quatre fois lorsqu'on le fait tourner d'une circonférence autour de l'axe du microscope : ces extinctions ont lieu lorsque les axes principaux de la section et les plans de polarisation des lumières polarisées et analysées sont confondus.

La présence d'un coefficient d'absorption non négligeable entraîne un léger déphasage à la réflexion : il y a donc production de la lumière elliptique, qui ne peut pas être éteinte par l'analyseur. À la position dite d'extinction, on n'observera donc pas une extinction totale, mais au contraire on observera un minimum d'éclairement.

L'effet d'anisotropie observé sera d'autant plus intense que la différence d'intensité lumineuse entre les positions « éteinte » et « allumée » sera plus forte ; la théorie montre que cette différence de « pouvoir réflecteur » est proportionnelle au carré de l'index n_0 du milieu ambiant.

Anisotropie = P.R. maximum – P.R. minimum = bn_0^2

Comme dans le cas du pléochroïsme, on observera plus facilement une anisotropie faible en augmentant artificiellement l'indice du milieu ambiant (c'est-à-dire en remplaçant l'air par l'eau ou par l'huile de cèdre).

b) Lumière blanche

L'effet d'anisotropie comme le pouvoir réflecteur varie avec la longueur d'onde des diverses vibrations composant le spectre lumineux.

Par exemple : si on considère la Nickéline, elle donne en :

– lumière verte → anisotropie intense ;
– lumière orange → anisotropie faible ;
– lumière rouge → anisotropie faible.

Il faut noter, en outre, que de nombreux minéraux présentent un pléochroïsme de dispersion en fonction des directions de pouvoirs réflecteurs ; ceci en rapport avec la longueur d'onde, ce qui contribue encore à donner à la section des couleurs de polarisation, et à l'empêcher d'être totalement éteinte à la position d'extinction.

c) Réflexions internes

La lumière incidente qui tombe sur une section polie d'un minéral n'est pas totalement réfléchie : une partie de cette lumière pénètre dans le minéral et se réfléchit à l'intérieur de celui-ci sur des surfaces diverses (diaclase, inclusions, limites des minéraux, etc.), voir les Fig. 7 et 8. Cette lumière intérieure possède toutes les orientations possibles et, par la suite une partie de cette lumière revient dans le microscope après avoir illuminé l'intérieur du minéral. C'est ce que l'on appelle « Réflexions internes », phénomène qui se produit de préférence dans les minéraux doués d'un faible pouvoir réflecteur, c'est-à-dire minéraux partiellement ou entièrement transparents, pauvres en fer et riches en manganèse.

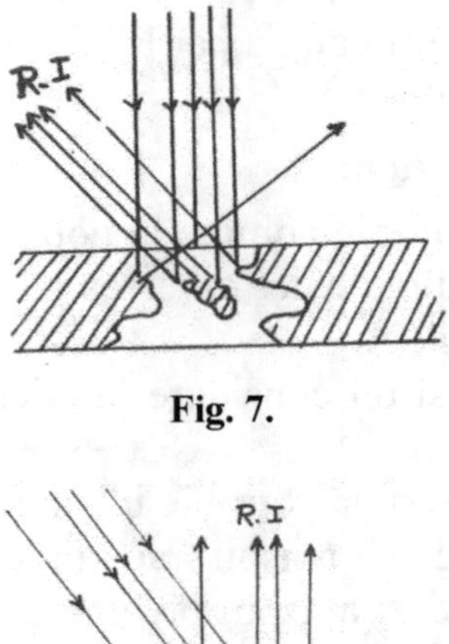

Fig. 7.

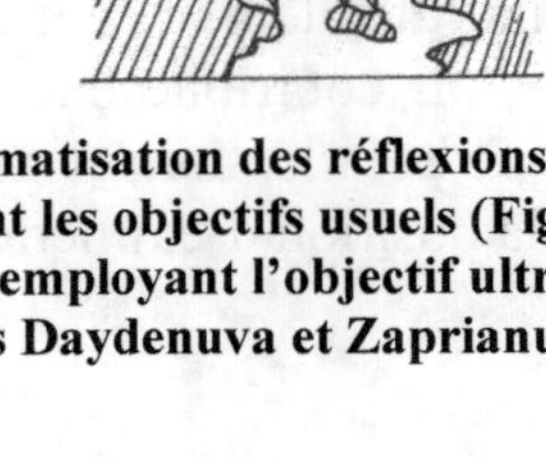

Fig. 8. Schématisation des réflexions internes (R.I.) vues en employant les objectifs usuels (Fig. 7) et réflexions internes vues en employant l'objectif ultra-opaque (Fig. 8) (D'après Daydenuva et Zaprianuvan, 1958)

Le calcul montre que ce phénomène est lié au pouvoir réflecteur et qu'en pratique, il faut augmenter artificiellement l'indice du milieu ambiant pour mieux le voir. On a encore un meilleur résultat en utilisant l'objectif spécial (objectif ultra-opaque) pour l'observation des réflexions internes. Le principe est simple : les rayons lumineux incidents tombent obliquement sur la section et se réfléchissent verticalement (Fig. 8).

La couleur des réflexions internes témoigne généralement de la couleur de la poudre du minéral vue macroscopiquement. : ainsi, les réflexions internes :

– la malachite présente une couleur verte ;
– l'azurite présente des couleurs bleues ;
– la cuprite présente des couleurs rouges ;
– l'oligiste (l'hématite) présente des couleurs rouges ;
– la chromite sera rouge brunâtre.

On notera que lorsque la section polie présente son maximum d'éclairement, il se peut que cette luminosité de l'anisotropie cache les réflexions internes. Ainsi, certains minéraux ayant une anisotropie moyenne et les réflexions internes fortes seront en certains endroits pratiquement et constamment éclairés : on dit alors que les « réflexions internes masquent l'anisotropie » (ex. Rutile)

3.2. Observations optiques qualitatives à effectuer sur un minéral en lumière polarisée réfléchie (au microscope métallographique)

3.2.1. Observations entre nicols parallèles (N//)

a) État du poli

On est amené à constater, avant tout, si l'état du poli d'une section polie est bon ou mauvais : on parle du bon poli si le miroir (surface polie) que constitue la surface est bien lisse. Par contre, on dit que le poli est mauvais si le miroir est piqueté d'arrachements. Un mauvais poli peut être dû, soit à un polissage trop rapide ou trop peu soigné, soit à un minéral peu apte au polissage (c'est le cas de la pyrite ou du bismuth). Le premier présente de nombreux arrachements ponctuels, le second présente une surabondance de stries. Le poli est influencé par la méthode utilisée.

b) Dureté

La méthode du liseré lumineux de Van Der Veen permet de faire la comparaison de la dureté (résistance au poli) de deux minéraux voisins. Pour observer ce phénomène, il vaut mieux utiliser un objectif à fort grandissement (par exemple, 16,5 ou 25) et accentuer la luminosité du liseré par rapport à celles de deux minéraux comparés en employant un diaphragme d'ouverture centrale.

Il faut donc rapporter les duretés observées à celles de minéraux types, facilement reconnaissables, souvent présents dans une section polie. Ces minéraux étalons jalonnent l'échelle de dureté par ordre de dureté ou résistance au poli de manière décroissante :

1) La pyrite : dureté talmage = F = 1 200 kg/cm^2

2) La blende : dureté talmage = D à C supérieure ou égale à 200 kg/cm^2.

On notera que les carbonates : sidérose (CO_3Fe), malachite ($CO_3Cu_2(OH)_2$), azurite ($(CO_3)_2Cu_3(OH)_2$) ont une dureté équivalente à celle de la blende.

3) La chalcopyrite : dureté talmage = C = 200 kg/cm^2

On notera que la dureté de la chalcopyrite est équivalente à celle de la calcite (CO_3Ca).

4) La galène : dureté talmage = B = 60 kg/cm^2. La dureté de la galène est équivalente à celle de la cérusite (CO_3Pb).

Il faut souligner qu'il existe une méthode de mesure quantitative de dureté « Méthode dite de mesure de la micro-dureté Vickers ou micro-duromètre » dont la théorie n'a pas pu avoir lieu dans ce fascicule, mais dont l'utilisation pratique est souvent montrée lors des séances des travaux pratiques.

c) Pouvoir réflecteur

Comme la dureté, la brillance (P.R.) d'un minéral étudié sera appréciée par comparaison avec ceux des minéraux types, lesquels sont choisis : cubiques et blancs, afin que la position de la section du minéral type, par rapport à ses axes cristallographiques, n'influe pas sur la composition et que la couleur de ce même minéral ne gêne pas l'appréciation qualitative.

Le pouvoir réflecteur de ces minéraux a été, par ailleurs, mesuré à la cellule photoélectrique (galvanomètre, micro-photomètre).

– Pyrite ----------→ pouvoir réflecteur 55 % = P.R. fort
– Galène ---------→ pouvoir réflecteur 45 % = P.R. fort
– Tétraédrite ---→ pouvoir réflecteur 32 % = P.R. moyen
– Blende -------→ pouvoir réflecteur 18 % = P.R. faible

Remarque

Un mauvais poli « diminue » le pouvoir réflecteur (P.R.). En conséquence, il ne faut pas évaluer le pouvoir réflecteur sur une surface polie rugueuse du minéral.

Au moyen d'un galvanomètre et d'une cellule photoélectrique, on peut mesurer quantitativement le pouvoir réflecteur :

$$\frac{x}{s} = \frac{P.R.x}{P.R.s} \qquad P.R.x = \frac{Gx.P.R.s}{Gs}$$

P.R.x = Pouvoir réflecteur à calculer (P.R. réel du minéral x)

Gx = Mesure du pouvoir réflecteur du minéral x au galvanomètre

d) Couleur

Les couleurs observées en lumière réfléchie sont fort nuancées : on parlera plus souvent de « blanc » avec une légère pointe de « crème », de « blanc » très légèrement nuancé de vert olivâtre… que de couleurs franches.

e) Pléochroïsme (polychroïsme)

Pléochroïsme fort

Le pouvoir réflecteur, la couleur et le pléochroïsme sont liés : un pléochroïsme fort est visible.

Pléochroïsme faible

Il peut ne pas être visible. Il deviendra, par ailleurs, un peu plus net si l'on prend soin d'opérer par immersion.

f) Autres caractères de reconnaissance

On peut identifier :

– les clivages des minéraux ;

– les faciès des minéraux ;

– les inclusions dans les minéraux.

3.2.2. Observations entre nicols croisés (N+)

a) Anisotropie

Entre nicols croisés, l'anisotropie est la première des choses à observer. Cette anisotropie est d'autant plus forte que la différence de la luminosité entre les positions d'éclairement maximum et celles de l'éclairement minimum est plus forte.

C'est en tournant la platine du microscope que l'on observe les couleurs d'anisotropie. Qualitativement, il est possible de distinguer :

– une anisotropie très forte ou intense (exemple : molybdénite) ;

– une anisotropie forte (exemple : énargite) ;

– une anisotropie moyenne (exemple : stanine) ;

– une anisotropie faible (exemple : braunite) ;

– une anisotropie très faible (exemple : chalcosine).

Pour observer une anisotropie faible, il est utile d'opérer, comme pour le pléochroïsme, en immersion.

La description de l'anisotropie doit également mentionner quelles en sont les couleurs (exemple : mispickel = bleu), ce qui renseigne sur le degré d'anisotropie avec la longueur d'onde et ce qui est caractéristique.

Il faut signaler si les extinctions que présente le minéral étudié sont droites ou non, ce qui renseigne sur le système cristallographique de celui-ci.

Il est à noter qu'il ne faut pas confondre l'anisotropie présentée par le minéral étudié et l'anisotropie présentée par les stries de polissage, par les arrachements ; la couleur de cette dernière anisotropie (exemple : jaune brillant) et son aspect discontinu suffisent pour faire la distinction.

b) Macles

Les macles sont révélées, comme en pétrographie, par l'orientation cristallographique différente des individus de part et d'autre du plan de macle, ce qui se traduit en « lumière polarisée » par des extinctions différentes.

Comme en pétrographie, on distingue des macles simples (exemple : chalcopyrite), des macles polysynthétiques (exemple : safflorite), des macles en croix (Exemple : Bismuth).

Remarque

Il est fort possible d'observer « entre nicols parallèles » les macles des minéraux doués d'un fort pléochroïsme (exemple : bismuthine)

c) Réflexions internes

Les réflexions internes s'observent de préférence lorsque le minéral est en position d'extinction, sous forme de taches lumineuses diffuses, plus particulièrement situées non loin de la limite entre les deux minéraux.

Remarques générales :

La méthode d'observation par immersion se fera après une étude complète à l'air ; elle suppose qu'on emploie des objectifs spéciaux dits « à immersion », et d'eau ou de l'huile de cèdre. Après observation en immersion, à l'huile de cèdre, la section et les objectifs sont soigneusement nettoyés au xylol, à l'acétone ou à la vapeur de bouche à l'aide d'un papier Kleenex.

Si on n'a pas abordé le problème de la mesure quantitative des grandeurs dont on a parlé, faute d'instrumentation, il est important de signaler que toutes ces grandeurs (micro-dureté, pouvoirs réflecteurs, degré d'anisotropie, angle de rotation du plan de polarisation de la lumière, ellipticité de la lumière réfléchie, etc.) se mesurent avec une bonne précision.

3.2.3. Quelques méthodes chimiques applicables sur les sections polies (tests de gravure)

Comme les phénomènes optiques observables en métallogénie sont, pour la plupart, nuancés, il peut y avoir parfois confusion entre deux minéraux.

Un moyen pour lever l'ambiguïté est de procéder aux attaques microchimiques sélectives des minéraux sur la section polie. Cette méthode permet aussi parfois d'observer la structure d'un minéral donné.

a) Méthode

Sur une surface propre et bien repérée du minéral, on dépose une goutte de réactif chimique au moyen d'une micro-pipette ou d'une petite tige de verre obtenue par dilatation sous le feu. La section est immédiatement observée au microscope et l'on suit avec un objectif moyen (exemple 15 à 20), la propagation de l'attaque sur le minéral.

Lorsque l'attaque est bien développée, ou au bout d'une ou deux minutes s'il n'y a pas d'attaque sensible, la portion de section attaquée est lavée au moyen d'une pipette d'eau : le réactif est alors éliminé par dissolution au moyen d'un jet d'eau. La section encore humide est observée au microscope. Après cet examen, la section est fortement frottée avec du papier-filtre ou une peau de chamois, puis à nouveau examinée au microscope.

On notera que pour empêcher la destruction des objectifs par les réactifs, on peut coller une petite lamelle à l'objectif au moyen de l'huile de cèdre, par exemple, et ceci, lors de l'attaque. En général, l'observation des attaques microchimiques sur les sections polies se fait aux vieux microscopes qui ne sont plus utilisables pour les observations normales.

b) Observations

Les observations se font à trois étapes.

b1) Pendant l'attaque

On peut suivre le déroulement de l'attaque, en particulier pour l'observation des effervescences (lors d'une forte effervescence, le réactif semble bouillir : exemple des minéraux manganésifères attaqués par l'eau oxygénée ; lors d'une faible effervescence, quelques bulles traversent par moments le réactif), et pour l'arrêt d'une attaque trop rapide.

Remarque

Les gangues carbonatées produisent une forte effervescence aux acides. Lorsqu'on observe une effervescence, il est bon de s'assurer qu'elle n'est pas due à ce phénomène.

b2) Après lavage

C'est à ce stade que l'observation de l'attaque proprement dite est faite. On détermine donc les variations subies par la surface polie du minéral (brunissement léger à noircissement, irisations, révélation de la structure…).

b3) Après frottement par la peau de chamois

Cette dernière observation permet de dire si l'attaque a été superficielle ou profonde. Dans ce dernier cas, il convient d'employer un grossissement plus fort si l'on veut préciser la structure du minéral.

c) Réactifs utilisés

On trouve ci-dessous les réactifs utilisés :

– l'acide nitrique (HNO_3) en solution normale ;

– l’acide chlorhydrique (HCl) en solution normale ;

– le cyanure de potassium (KCN : attention, c’est un poison) en solution à 20 % dans l’eau ;

– le trichlorure de fer ($FeCl_3$) en solution à 20 % dans l’eau ;

– la potasse (KOH) en solution à 20 % dans l’eau ;

– le chlorure de mercure, en solution à 20 % dans l’eau ;

– l’eau régale (H_2O_2).

D’autres réactifs moins classiques mais employés pour développer les macles ou les structures des minéraux dont, par exemple : chlorure de zinc ($ZnCl_2$), mélange de réactifs simples (MnO_4K + KOH)

Remarques

1) Certains réactifs, qui attaquent habituellement un minéral, peuvent être sans effet si ce minéral est en contact avec un autre minéral inhibiteur. Par exemple, la ramelsbergite, attaquée d’ordinaire par le trichlorure de fer, n’est pas attaquée si elle est en contact avec du bismuth ou de la nickéline.

2) Après une attaque, il faut « rafraîchir » la section polie sur le tour à polir.

Tableau récapitulatif des opérations qualitatives à effectuer sur une section polie

I – Pour chaque minéral
Phénomènes optiques qualitatives
Entre nicols parallèles
– Poli
– Dureté ou résistance au polissage
– Pouvoir réflecteur
– Couleur
– Pléochroïsme
– Clivages, faciès
Entre nicols croisés
– Anisotropie : degré---couleur----extinction
– Macles
– Réflexions internes
Phénomènes de contrôle, ou de précision
– Étude en immersion
– Tests de gravure microchimiques
– Tests de contrôle
– Tests de structure
Pour l'ensemble de la section
– Associations minérales et paragenèses de la section
– Textures, structures et faciès

L'étude d'une section polie comporte toujours un ou plusieurs dessins ; elle peut conduire à proposer en conclusion un mode de gisement étudié. C'est ce qu'on va aborder dans le chapitre suivant qui va traiter de l'étude métallogénique.

CHAPITRE IV

Les études (analyses) métallogéniques

4.1. Aperçu sur les textures

4.1.1. Rappel de quelques définitions et résultats sur les textures des minéralisations et des associations para-génétiques des minéraux

Les masses minérales constituant les corps des minéraux utiles ont généralement une structure hétérogène conditionnée par la composition minéralogique. Dans les minerais, on distingue les minéraux métallifères et les minéraux non métallifères : par exemple, des minéraux comme la pyrite (FeS_2), la chalcopyrite ($CuFeS_2$), dans la composition desquels entrent les éléments métalliques sont des minéraux métallifères. Par contre, les minéraux comme le quartz (SiO_2), la calcite ($CaCO_3$), tec., dans la composition desquels n'entrent pas des éléments métallifères sont des minéraux non métallifères. Ils sont appelés aussi des minéraux accompagnateurs.

A) Quelques définitions

A1) La texture des minerais est l'édifice des masses minérales conditionné par la position spatiale, par la forme et par les dimensions des agrégats minéraux les constituant. Ces agrégats sont différents selon leur composition ou leurs particularités structurales. L'existence de variété de textures de minerais dépend du mode et des conditions de formation du gisement.

A2) La structure des minerais est l'édifice des agrégats minéraux qui est déterminé par la forme, les dimensions et les rapports des différents grains de minéraux entrant dans la composition de ces agrégats minéraux.

On se propose de donner, au paragraphe qui suit, un essai de classification des différentes textures à partir des phénomènes desquels elles sont issues.

A3) Textures de ségrégation et de liquation magmatique

Elles sont identiques aux textures des roches dans lesquelles elles ont pris place. On rencontre :

1 –Texture massive

Elle est caractérisée par un édifice homogène où les grains sont étroitement serrés les uns contre les autres.

2 – Texture disséminée

Ici, les grains de minerais sont séparés avant ou simultanément aux minéraux pétrogènes et dispersés uniformément dans la roche.

3 – Texture tachetée

Ici, les grains de minerais forment des amas isolés, des nids ayant pris naissance avant la cristallisation totale de la roche.

4 – Texture zébrée

Celle-ci est caractérisée par l'alternance de bandes différentes en composition, en dimension et par les rapports quantitatifs des grains de minerais. Elles sont le résultat d'une pression unilatérale de fusion métallifère au stade de sa cristallisation.

5 – Texture bréchique

Elle est caractérisée par la cimentation de débris de roches par des minéraux métallifères. Ce sont des formations magmatiques tardives.

A4) Textures des minerais déposés par voie de métasomatose

Ces textures se distinguent de celles qualifiées de magmatiques par leur genèse.

Elles sont stratorésiduelles et tachetées, formées par la substitution sélective par les minéraux métallifères des secteurs isolés des roches ou de leurs inter-couches.

A5) Textures des minerais déposés par voie de remplissage

Ces textures sont particulièrement associées aux gisements d'origine hydrothermale. Elles sont conditionnées par des vides, et par des phénomènes de substitution qui accompagnent toujours les processus hydrothermaux (Fig. 9 et Fig. 10).

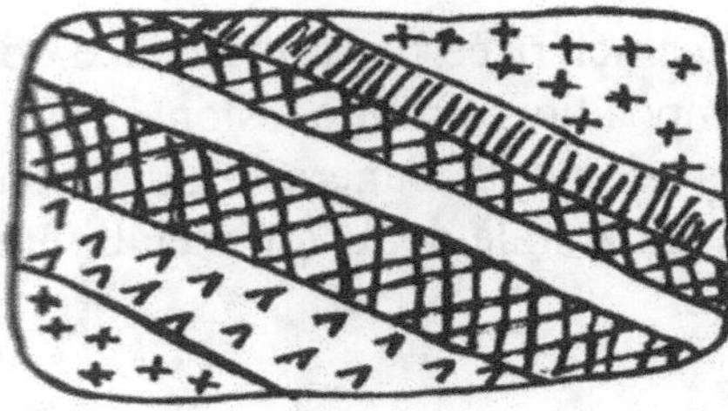

Fig. 10

Fig. 9. Texture zébrée, résultat du remplissage
Fig. 10. Texture zébrée, résultat du dépôt successif des minéraux dans les fissures parallèles. D'après Drokhine, Bogatcheva et Drouginine (1967)

1 – Texture zébrée

C'est le résultat du remplissage par la substance minérale d'une série de fissures parallèles (Fig. 9) ou du dépôt successif des agrégats minéraux sur les parois des cavités ou fissures (Fig. 10). Si chaque couche de substance minérale qui se dépose successivement répète tous les contours de la surface de la couche précédente, on nomme alors cette texture de crustification.

2 – Texture sillonnée réticulaire

Elle est formée par une série de veinules s'entrecoupant réciproquement, de composition minérale différente constituant le résultat du remplissage des fissures (Fig. 11).

Fig. 11 : Texture d'intersection ou réticulaire : Filonets quartzeux à molybdénite du granite altéré

La texture réticulaire est donc formée par une série de veinules dirigées en divers sens, se joignant entre elles et dont le remplissage des fissures constituées par une même minéralisation.

3 – Texture bréchique

Elle est composée de débris anguleux et de ciment. Elle est le résultat de remplissage, par la substance minérale de l'espace se trouvant entre les débris (Fig. 12). Au cas où les débris sont rongés par les minéraux nouvellement formés, ils s'arrondissent et alors, on obtient une texture nommée bréchiforme.

Fig. 12. Texture bréchique : 1= débris de quartz 2= ciment carbonaté

4 – Texture en cocarde ou texture zonale concentrique

Cette texture est le résultat de dépôt de la substance minérale autour des débris (Fig. 13).

Fig. 13. Texture en cocarde (en zones concentriques) 1- Débris de grès ; 2- Quartz ; 3- Pyrite colloforme ; 4- Fluorine ; 5- Quartz carbonaté

A6) Texture de remplacement

Les remplacements entraînent les plus beaux exemples de textures visibles où l'on peut nettement observer un minéral dit « Hôte », remplacé par un minéral dit « Invité ». On rencontre plusieurs types de textures de remplacement :

1) Textures de remplacement à pénétration guidée

a) Textures de pseudomorphose

Ici, on observe un minéral invité présentant des formes cristallographiques extérieures du minéral hôte. Par exemple, on observe une pseudomorphose de la pyrite en pyrrhotine, ou encore une pseudomorphose de mispickel en wolframite.

b) Texture de remplacement guidé

Ces textures très fréquentes révèlent, par leur présence, des caractères minéralogiques qui pourraient parfois passer inaperçus.

– Texture de remplacement guidé selon des plans particuliers

On rencontre des veinules de remplacement. Ici, le minéral invité s'installe dans une ou dans des fracture(s) du minéral hôte et croît en une veinule qui s'élargit progressivement. C'est le cas, par exemple, du remplacement de la chalcopyrite par la carrolite.

– Texture en lames de remplacement

Le minéral invité pénètre à l'intérieur du minéral hôte le long de ses plans de clivages, et révèle ceux-ci. C'est le cas de la martitisation de la magnétite (voir Ramdohr,

1950), ou encore le cas de l'altération de la bornite en chalcosine.

– Texture de remplacement selon les limites (bordures) des grains

Le minéral invité prend la place du minéral hôte le long de la bordure de ce dernier. C'est le cas de la cémentation de la chalcopyrite par la covelline, ou encore c'est le cas de l'altération de la magnétite en polianite.

– Texture de remplacement à l'intérieur des grains

Cette texture est observable souvent lorsque le minéral hôte a une structure zonaire (due, par exemple, à la croissance du minéral), le minéral invité peut prendre la place de certaines zones de croissance du minéral hôte et on parle de :

* Remplacement central (exemple, remplacement de la pyrite par la galène) ;

* Remplacement zonaire (exemple remplacement de skutérudite par érythrine).

2) Textures en îles et continents

Lorsque les différents modes de remplacements à pénétration guidée sont avancés, il devient difficile d'individualiser telle ou telle texture ; les minéraux primaires apparaissent sous forme d'îlots isolés ou non au milieu de la masse du minéral secondaire. Les minéraux primaires s'observent sous forme des îles et les minéraux secondaires s'observent sous forme de la mer. C'est le cas de la cémentation de la pyrite ou celle de l'énargite en covelline.

3) Textures de remplacement diffus

Ici, le minéral invité se place dans le minéral hôte sans tenir compte des directions cristallographiques de ce dernier.

a) Texture de remplacement automorphique

Le minéral invité cristallise selon ses propres formes cristallographiques dans le minéral hôte. C'est le cas de la pyrite dans un schiste ou d'un quartz dans une zone de cémentation cuivreuse (covelline).

b) Texture de remplacement en tubercule

Le minéral invité se place en sorte qu'il apparaît en double dans le minéral hôte. Il s'y présente en forme de rognons ou de tubercules. C'est le cas de la marcassite dans la craie.

c) Texture de remplacement diffus sensu stricto

Ici, on observe une texture en carie, où le minéral invité, xénomorphe, tourne sa concavité vers le minéral hôte (cas de blende – galène) : exemple de Mispickel par stannine et d'argent noir par argent natif.

d) Texture de rubannement rythmique

Dans des zones d'oxydation, on observe souvent des dépôts du minéral invité en bandes concentriques. C'est le cas des hydroxydes de fer dans un minerai oxydé.

e) Texture myrmékitique

Ici, on observe le minéral invité en croissance de manière désordonnée dans le minéral hôte. C'est le cas des myrmékites de bornite et de chalcosine. On parle aussi de texture graphique, dans un cas particulier.

A7) Textures d'immiscibilité (d'ex-solution)

Ici, le terme « texture » est impropre, il faut plutôt parler de structure au lieu de texture.

Si on considère deux minéraux A et B solubles totalement l'un dans l'autre dans certaines conditions physico-chimiques, il se forme dans ces conditions un seul minéral AB stable. Si par contre, le minéral AB se trouve amené dans d'autres conditions physico-chimiques, il se déstabilise et il y a séparation des minéraux A et B ; on parle d'ex-solution ou d'immiscibilité.

1) Texture en lames, ou en grilles

Le minéral A est en inclusion régulière dans l'ensemble du minéral B, selon des plans orientés par rapport au réseau cristallographique de B. C'est le cas d'association hypogène magnétite-oligiste (il ne faut pas confondre ceci avec la martitisation qui est un phénomène secondaire lié à l'oxydation de la magnétite).

Aussi, l'association hypogène ilménite-oligiste où l'on observe un réseau de plages ovoïdes parallèles allongées selon l'axe d'ordre trois des deux espèces minérales. Cas d'association bornite-chalcopyrite.

2) Textures graphiques

Ici aussi, il vaut mieux parler de structure au lieu de texture. Le minéral A est inclus dans le minéral B selon des petites ovoïdes qui présentent parfois une localisation préférentielle dans B, et qui ont tous une même orientation cristallographique. C'est le cas de la chalcopyrite dans la blende ou de stannine dans la galène.

Parfois, on note que le minéral A prend ses formes myrmékitiques à l'intérieur du minéral B. C'est le cas de la pentlandite en flammes dans la pyrrhotine ; ou de myrmékite d'ex-solution de bornite-chalcosine, à ne pas confondre avec la myrmékite d'altération de bornite en chalcosine.

3) Textures interstitielles

Les constituants du minéral A gagnent les bords des cristaux AB, et le minéral A s'individualise alors le long des cristaux B. C'est le cas de la pentlandite le long de la pyrrhotine.

A8) Textures colloformes et colloïdales

Les produits minéralisés peuvent se déposer sous forme de gels, on parle donc des colloïdes.

On parlera de texture colloforme si le dépôt se fait en espace libre, et de dépôt colloïdal s'il y a possibilité de métasomatose.

1) Texture globulaire sphérique

Le gel a la forme de petites sphères, pouvant présenter des zones concentriques de croissance, ces sphères sont plus ou moins accolées. C'est le cas de la mélnicovite (gel de pyrite) ou de gel de sulfure de zinc.

On parlera de texture en framboise lorsqu'il se produit des sphères constituées par un accolement de microsphères. C'est le cas de la pyrite sédimentaire que l'on observe dans le Kupferschieffer.

2) Texture à fissure de retrait

Les sphérules présentées par le gel possèdent des fissures de retrait, les unes radiales, les autres concentriques (ce qui peut faire penser à une dessiccation).

C'est le cas de Pechblende.

A9) Conclusions

L'étude des textures des minerais a une importante signification pratique et scientifique. La détermination des dimensions des minerais, de leurs formes et de leurs combinaisons permet d'indiquer avec exactitude le schéma de l'enrichissement des minerais, etc.

La détermination de la réciprocité existante entre les agrégats minéraux permet de faire une conclusion concernant la genèse et la mise en place du gisement en question, de dévoiler l'histoire du développement du processus de la formation des minéraux, c'est-à-dire de distinguer les étapes et les stades de la minéralisation.

Les étapes de la minéralisation sont les périodes de formation des minéraux, séparées les unes des autres par un laps de temps considérable et caractérisées par des conditions physico-chimiques essentiellement différentes de la formation des masses minérales. Les étapes magmatiques et hydrothermales des processus endogènes de formation des minéraux en sont un exemple.

Les stades de minéralisation sont les processus de la minéralisation divisés dans le temps en intervalles relativement courts mais s'écoulant lors d'une même étape quelconque de minéralisation. Ces stades se divisent sur base de l'intersection des filons et des veinules qui diffèrent du point de vue de la composition minéralogique. Par conséquent et dans ce cas, les conditions physico-chimiques de la formation des minéraux (c'est-à-dire la composition et l'état des solutions) doivent être différentes dans les divers stades.

Les générations sont les séparations d'âges différents d'un même minéral ou d'une solution ou d'une fusion donnée, dans le courant d'un même stade de minéralisation. Par exemple, le quartz en gains fins présents dans un filon n'exclut pas qu'il y ait des gros cristaux de quartz dans ce même filon.

L'association para-génétique est la composition des minéraux formés simultanément et dans des conditions physico-chimiques identiques.

Sous le terme « formation minière », comme on le sait, on comprend un groupe de gisements réunis suivant une similitude de la composition minéralogique (associations para-génétiques) par des indices de textures et de structures, par les conditions de mise en place du gisement, et formés dans une conjoncture géologique déterminée. On peut citer comme exemple les formations de quartz-cassitérite, de sidérites-fluorines et autres.

On notera que l'examen des sections polies ou des lames polies au microscope métallographique est accompagné d'un ou plusieurs dessins par section ou lame polie.

CHAPITRE V

Reconnaissance et description des minéraux au microscope polarisant à lumière réfléchie (au microscope métallographique)

GALÈNE
(Système cubique)

Formule chimique : PbS

Le soufre (S) peut être remplacé isomorphiquement par le sélénium (Se) ou tellure (Te) en petites quantités.

La galène contient souvent de l'argent sous forme de Ag2S (Argyrose) en inclusion ou disposé ou sous forme de sulfo-sels complexes, tels que la freislébénite (Ag_5, Sb_5, S_{12}), l'armayoïte Ag (Sb, Bi)S_2.

Poli

Un bon poli, avec des arrachements triangulaires caractéristiques.

Dureté

La dureté de la galène est faible. C'est un minéral étalon.

Pouvoir réflecteur

Le pouvoir réflecteur de la galène s'échelonne entre 42,4 % et 43,8 %.

Couleur

La galène s'observe sous quatre couleurs :

– blanc brillant, avec une légère nuance de rose quelques fois ;

– bose à côté de : boulangérite, bismuthine, tennantite ;

– blanche à côté de la blende ;

– elle est légèrement plus claire que la stibine.

Anisotropie : isotrope

On observe parfois une légère anisotropie, en particulier, si la galène contient du sulfure d'argent et de bismuth ($AgBiS_2$).

Faciès, structure, clivage

– Les clivages cubiques parfaits révélés par arrachement sont observables.

– Les structures zonaires sont développées par attaque.

– Parfois, la galène montre une orientation générale, due à des déformations (galènes gneissiques).

Tests microchimiques

– Reconnaissance : HNO3 : L'attaque par l'acide nitrique de la section produit une tache noire tenace, parfois accompagnée de l'effervescence.

– L'attaque par HCl produit une tache irisée.

Si la galène est en contact avec la bornite, le réactif est sans effet.

Associations fréquentes

– On observe des textures rythmiques avec la pyrite, la blende, la chalcopyrite, la bornite et la boulangérite.

– Aussi, on observe des textures myrmékitiques avec les cuivres gris, argents rouges et noirs. On y observe des inclusions fréquentes de blende, de cuivres gris, de stannines et de minéraux d'argent.

Usages du plomb (Pb)

Les usages du plomb (Pb) résultent de ses propriétés remarquables : c'est un métal mou, ductile, à bas point de fusion, donc il s'agit d'un métal facile à travailler. En ce qui concerne ses usages, on assiste à :

– La fabrication de feuilles, de tuyaux (câbles électriques, etc.), des munitions pour l'armée ;

– Étant un élément neutre chimiquement, il est utilisé pour des plaques d'accumulateur, chambres de plomb des usines d'H_2SO_4 ;

– Peinture : minimum = Pb_3O_4, litharge = Pb_3PbO ;

– Le plomb tétra-éthylène est un antidétonant donc, il est employé dans les carburants ;

– L'alliage du plomb et de l'antimoine est utilisé pour la fabrication des métaux durs.

BLENDE
(Système cubique)

Formule chimique : ZnS

Le zinc (Zn) remplacé isomorphiquement par :

– le fer (Fe). S'il y a un fort pourcentage de Fe, la blende prend le nom de marmatite ;

– le manganèse (Mn) ou le cadmium (Cd), le barium (Ba), l'indium (In), le talium (Tl) ou parfois par le mercure (Hg).

L'analyse chimique montre, en outre, que la blende contient toujours un peu de cuivre (Cu) et d'étain (Sn) venant des remplacements génétiques.

Poli

L'état du poli est variable. Les agrégats formés de petits cristaux prennent un bon poli ; ceux formés de gros cristaux se polissent avec difficulté.

Dureté

La dureté de la blende est moyenne, c'est un minéral étalon.

Pouvoir réflecteur

Le pouvoir réflecteur de la blende est de l'ordre de 17,8 %.

Couleur

La blende est grise, plus sombre que la magnétite.

Anisotropie : isotrope

C'est un minéral parfaitement sombre entre nicols croisés, en l'absence des réflexions internes.

Macles

Les macles sont parfois révélées par polissage semi-sélectif ; développées par attaque microchimique.

Réflexions internes

Les réflexions internes sont fortes, elles sont de couleur et d'abondances variables :

– La blende pure est mielleuse, avec des réflexions internes blanches et abondantes.

– Les blendes à faible teneur en fer ont des réflexions internes jaune clair à brun clair.

– Les blendes fortement ferrifères (marmatites) ont des réflexions internes brun sombre.

Faciès, structure, clivage

– Les clivages (110) sont visibles sur les gros grains. La structure zonaire est fréquente, elle est développée par attaque microchimique.

Tests microchimiques

– Reconnaissance : HNO3 : l'attaque par l'acide nitrique produit des taches brunes. L'utilisation de l'eau régale produit immédiatement de l'effervescence sur la surface polie qui reste rugueuse après nettoyage au chiffon.

– On peut développer la structure et les macles par l'emploi de l'acide chlorhydrique (HCl), de permanganate de potassium ($KMnO_4$) + acide sulfurique (H_2SO_4), ou l'eau de Javel.

Associations fréquentes

– On observe des textures graphiques avec la pyrite, la chalcopyrite, la stannine, la tétraédrite, le quartz.

Usages du zinc (Zn)

Les usages du zinc (Zn) sont basés sur sa résistance aux agents atmosphériques, sa malléabilité, et la possibilité de le laminer en feuilles minces.

– Dans l'industrie du bâtiment, on utilise ces feuilles pour les couvertures et les gouttières.

– Il est aussi utilisé pour la galvanisation des fils de fer.

– Un des principaux usages du zinc, c'est son alliage avec le cuivre (Zn-Cu) à haute teneur de Zn, pour les bronzes. Ces alliages s'utilisent pour la fabrication des organes de moteurs et pour les ustensiles domestiques.

– On utilise aussi les oxydes de Zn, les lithopones (mélange de sulfate de baryum et sulfate de Zn) pour la peinture.

CHALCOPYRITE
(Système quadratique)

Formule chimique : $CuFeS_2$

En solution, la chalcopyrite peut contenir la blende et la stannine.

Poli

L'état du poli est très bon.

Dureté

La dureté de la chalcopyrite est moyenne, c'est un minéral étalon.

Pouvoir réflecteur

Le pouvoir réflecteur de la chalcopyrite varie entre 43,2 % et 44,9 %.

Couleur

La couleur de la chalcopyrite en section polie est jaune variable :

– généralement, la chalcopyrite est jaune soufre et ternit avec le temps ;

– elle est jaune franc à côté de la blende, de la magnétite ou de la galène ;

– elle est jaune et reste plus sombre que la pyrite ;

– elle est jaune clair à côté des cuivres gris et de la stannine ;

– elle est jaune, sans nuance rose, à côté de la pyrrhotine ;

– elle est vert olive à côté du bismuth, de l'argent, de l'or (si des petits cristaux d'or sont inclus dans la chalcopyrite) ;

– on observe rarement un pléochroïsme de réflexion.

Anisotropie

On observe une faible anisotropie, mais discernable.

Macles

Les macles s'observent fréquemment. Les lamelles de macles sont développées assez régulièrement et distribuées selon plusieurs systèmes s'entrecroisant.

Faciès, textures et structures

On rencontre, souvent, des textures myrmékitiques avec la chalcosine, la bornite, la blende, ou la stannine. On observe, aussi, des textures de remplacements par la chalcosine, la covelline, la néodigénite. La chalcopyrite peut être observée en état d'exsudation dans la blende, dans la tétraédrite, dans la bornite, dans la néodigénite, dans la chalcosine ou dans l'énargite, en donnant parfois de belles textures.

Tests microchimiques

Reconnaissance : HNO3 : l'attaque par l'acide nitrique produit des taches très légères, peu nettes.

Le permanganate de potassium ($KMnO_4$) + acide sulfurique (H_2SO_4), ou l'eau régale provoquent une attaque rapide produisant quelques traînées brun clair n'affectant pas toute la section.

Associations fréquentes

On observe des textures d'ex-solutions avec la blende, la stannine, la tétraédrite, la cubanite, la pyrrhotite.

Usages du cuivre

Les usages du cuivre (Cu) reposent sur sa conductivité électrique, sa ductibilité et sa couleur.

Pour ce qui concerne ses usages électriques, la moitié de la production du cuivre, entre dans :

– La fabrication de machines électriques.

– La fabrication de lignes de forces (électriques).

– La fabrication des télégraphes et téléphones.

– La fabrication des composants de radios et télévisions.

– Les usages militaires et navals.

– Les foyers de locomotives.

– Les industries chimiques.

– Les distilleries.

– Les installations automobiles.

– Les alliages tels que laitons (Cu-Zn : 55 à 99 % pour la robinetterie, tubes, etc.), le bronze (Cu = 88 %, Sn = 10 % et Zn = 2 %)

– Les cupronickels pour la vaisselle et les objets d'ornementation.

– Les maillechorts (Cu, Ni, Zn) et le cupro-aluminium (ou bronze d'aluminium servant à l'ornementation et à la mécanique)

– Le cuivre-beryllium (avec 3 % de Be) améliorant de beaucoup les propriétés mécaniques du cuivre et permet même de faire des ressorts.

STANNINE
(Système cubique ou quadratique)

Formule chimique : $Cu_2FeSnS4$

La stannine se dissout en donnant Sn et $2CuFeS_2$ en solution solide.

Poli

L'état du poli de la stannine est assez bon.

Dureté

Elle est moyennement comprise entre celle de la chalcopyrite et celle de la blende.

Pouvoir réflecteur

Le pouvoir réflecteur de la stannine est de l'ordre de 27,6 %.

Couleur

La stannine est vert olive, légèrement nuancée d'une pointe de brun. Elle est :

– plus sombre, et plus brunâtre que les cuivres gris ;

– plus claire que la blende ;

– la stannine est plus sombre, et brun verdâtre à côté de la chalcopyrite ;

– faiblement pléochroïque.

Anisotropie

Elle est moyennement anisotrope, dans les tons vert ardoise et violacés.

Macles

Les macles sont très fines et assez fréquentes. Elles présentent exceptionnellement l'aspect du microcline de Vila Apacheta de Bolivie.

Faciès, structure, clivage

On observe rarement des clivages. Parfois, lorsque la section est mal polie, on observe des triangles d'arrachement.

Quant à la structure, ce sont des inclusions fluides liées aux ex-solutions de blende ou de chalcopyrite qui révèlent souvent la structure zonaire du minéral.

Tests microchimiques

– Reconnaissance : HNO_3 : l'attaque par l'acide nitrique produit des taches irisées à noires.

– L'utilisation de H_20_2 + H_2SO_4 produit un dépôt non effaçable au chiffon.

– L'utilisation de H_2O_2 + HF produit aussi un dépôt.

– L'utilisation de H_2O_2 + KOH révèle la structure, sans provoquer de dépôt.

– L'utilisation de H_2O_2 + H_2SO_4 + $KMnO_4$ produit un dépôt non effaçable.

– L'utilisation de KOH + $KMnO_4$ produit un dépôt non effaçable au chiffon.

Associations fréquentes

On observe des textures d'ex-solution avec la blende et la chalcopyrite, le mispickel, la pyrite, la cassitérite, la tétraédrite, le bismuth, la bismuthine, la galène.

Usages du Cu, Sn et S

Quant aux usages de :

– Cu = il faut voir la chalcopyrite ;

– Sn = il faut voir la cassitérite ;

– S = il faut voir la pyrite.

CUIVRES GRIS
(Système cubique)

Formule chimique : $5Cu_2S_2(Cu, Fe)S_2(Sb, As)_2S_3$

Des remplacements isomorphiques fréquents font varier cette formule ; le cuivre, toujours plus ou moins remplacé par le fer, peut être aussi remplacé par l'argent, le zinc, le mercure, etc., et exceptionnellement par l'un des éléments suivants : le nickel, le cobalt, le vanadium, l'antimoine et l'arsenic. Là, on peut avoir une série isomorphe de minéraux où il peut y avoir des remplacements par de petites quantités de bismuth ou d'étain. On notera que le soufre peut être remplacé, ici, par du tellure. Il est habituel de distinguer des :

– Tétraédrites ;

– Fréibergites argentifères où l'on peut trouver entre 3 et 30 % d'argent ;

– Schwatzites mercurielles où l'on peut avoir 6 à 17 % de mercure ;

– Mailinovskites plombifères où l'on peut rencontrer 3 à 16 % de plomb.

Poli

L'état du poli de ces minéraux est bon.

Dureté

Elle est moyenne, proche de celle de la chalcopyrite.

Pouvoir réflecteur

Le pouvoir réflecteur de ces minéraux est proche de 30 %.

– Pour la tétraédrite, il est de 31,2 %

– Pour la freibergite, il est de 30,9 %

– Pour la tennantite, il est de 28,8 %.

Couleur

La couleur des cuivres gris est généralement gris clair, avec des nuances variant légèrement avec la composition chimique :

Tétraédrite : nuance vert olive brunâtre à gris brunâtre à côté de la galène. Elle est brunâtre sombre à côté de la bournonite. Elle est plus claire que la blende. Elle est gris clair à côté de la stannine et gris bleuté à côté de la chalcopyrite.

Freibergite : nuance brun-olive-jaunâtre à côté de la proustite. Elle est gris brunâtre à côté de la galène et plus claire que la blende.

Schwatzite : nuance crème, elle est plus brillante.

Tennantite : nuance verte avec une pointe bleue. Elle est nettement verdâtre à côté de la chalcosine. Elle est gris bleuté à côté de la chalcopyrite et elle est très semblable à la péarcéïte.

Anisotropie

Les cuivres gris sont isotropes, parfaitement noirs entre nicols croisés.

Réflexions internes

Elles sont légères, dans les tons brun rougeâtre. On les observe surtout dans les termes arsenicaux de la série (tennantite).

Faciès, structure, clivage

On observe des structures zonaires développées par attaque et des clivages parfois visibles.

Tests microchimiques

– Reconnaissance : HNO_3 : l'attaque par l'acide nitrique produit des taches brunes qui se forment lentement sur le freibergite. On observe des attaques peu nettes sur les autres termes de la série.

– L'utilisation de $FeCl_3$ sur la section produit des taches irisées sur la freibergite et on note une réaction négative sur les autres termes de la série.

– L'utilisation de KCN donne un résultat douteux.

– L'utilisation de $HgCl_2$ donne un résultat négatif et douteux sur la freibergite.

Associations fréquentes

On observe souvent des associations para-génétiques suivantes :

– Freibergite + proustite = argyrose et galène

– Tétraédrite + tennantite + mispickel + pyrite = blende + galène + chalcopyrite + bournonite + sulfo-sels d'argent.

Usages du cuivre (Cu)

Quant aux usages du Cu, il faut voir les notes relatives à la chalcopyrite.

Usages de l'arsenic (As)

L'arsenic du commerce, ou « l'arsenic blanc », est de l'anhydride arsénieux (92 à 96 % d'arsenic s'il est brut et 99 % d'arsenic s'il est raffiné). Étant un poison, ses principales utilisations sont destinées à la fabrication des :

– insecticides (arséniate de calcium et de plomb) ;
– bains parasiticides pour le bétail ;
– produits de décoloration de la verrerie ;
– produits de la peinture (réalgar et orpiment artificiel) ;
– plombs de chasse (As + Pb), le rôle de l'As ici est d'augmenter la dureté ;
– produits pharmaceutiques ;
– semi-conducteurs.

Usages de l'antimoine

L'antimoine durcit le métal plomb (antimoine + plomb). Ce produit est utilisé pour fabriquer les caractères d'imprimerie (parfois avec l'étain en plus), les grilles d'accumulateurs au plomb, les coussinets d'arbres des machines. Ici, on utilise des teneurs de l'ordre de 15 à 20 % d'antimoines (Sb), sauf pour les projectiles où elle est moins utilisée.

On l'utilise aussi pour la fabrication des peintures et des pigments des revêtements des céramiques (tôles émaillées), verreries, matières plastiques et pyrotechnie.

ÉNARGITE
(Système orthorhombique)

Formule chimique : Cu_2, 4CuS, $(As, Sb)_2S_3$

Poli

L'état du poli est bon.

Dureté

Elle est moyennement comprise entre celle de la blende et celle de la chalcopyrite.

Pouvoir réflecteur

Son pouvoir réflecteur est de 28 %.

Couleur

La couleur de l'énargite est gris clair, nuancé de rose à brun lumineux rosé ;

– elle est de couleur blanc rosé à côté de la bornite ;

– elle est brun rosé à côté de la chalcosine ;

– elle est rosé foncé à côté de la tennantite et gris brunâtre à côté de la galène.

Pléochroïsme

Le pléochroïsme est légèrement visible dans l'huile.

Anisotropie

L'anisotropie est forte, dans les tons bleus, rouges, orange, à extinction droite.

Réflexions internes

Elles sont rares, rouge sombre.

Macles

Généralement, il n'y a pas de macles ; parfois, on observe des lamelles de macles dues à des déformations.

Faciès, structure, clivage

Des clivages parallèles au plan (110) sont toujours presque visibles.

On assiste à la présence de structure zonaire fréquemment développée par attaque.

Tests microchimiques

– Reconnaissance : HNO_3 : réaction sans effet ou production légère des taches.

– L'utilisation de KCN_3 produit rapidement des taches vertes et brunes.

Associations fréquentes

On observe souvent des associations para-génétiques de l'énargite avec la pyrite, la chalcopyrite, la blende et le mispickel.

Usages

Les usages sont les mêmes que ceux du cuivre, des cuivres gris.

BORNITE (ERUBESCITE)
(Système cubique)

Formule chimique : Cu_5FeS_2

La bornite est miscible avec la chalcopyrite et avec la chalcosine, si bien que sa formule peut en fait prendre toutes les valeurs entre Cu_3FeS_3 et Cu_9FeS_6.

Poli

L'état du poli est assez bon.

Dureté

Elle est moyenne, analogue à celle de la chalcopyrite.

Pouvoir réflecteur

Son pouvoir réflecteur est de 22,8 %.

Couleur : brun rosé à orange

La surface polie se ternit très vite, parfois en une demi-heure, et prend des teintes allant jusqu'au bleu, en passant par le pourpre et le violet.

Anisotropie

La bornite est généralement, anormalement anisotrope. Cette anisotropie peut être très faible à sensible. Seuls les agrégats sont isotropes.

Macles

Les individus sont doués d'une anisotropie visible montrant parfois des lamelles de macles orientées selon (111).

Faciès, structure, clivage

Bien que rare, on observe souvent une structure zonaire.

On observe des clivages parallèles aux plans (100) et (111).

Tests microchimiques

– Reconnaissance : HNO_3 : réaction produisant de l'effervescence et des taches brun jaunâtre.

– L'utilisation de KCN produit des taches brun jaunâtre.

– L'utilisation de $FeCl_3$ produit ou pas des taches orangées.

– L'eau régale produit des attaques légères de couleur jaune.

Associations fréquentes

On observe souvent des associations para-génétiques d'ex-solution de la bornite avec la chalcopyrite, la chalcosine et la tétraédrite.

La bornite est souvent remplacée par la néodigénite, la chalcosine, la chalcopyrite, la covelline, l'argyrose lors des processus de cémentation.

Elle remplace souvent la chalcopyrite et la tétraédrite.

Usages

Ses usages sont à voir chez ceux de la chalcopyrite.

COVELLINE
(Système hexagonal)

Formule chimique : CuS

Poli

L'état du poli est très bon.

Dureté

Elle est faible, analogue à celle de la chalcosine. Elle reste nettement inférieure à celle de la galène et à celle de la chalcopyrite.

Pouvoir réflecteur

Son pouvoir réflecteur est de l'ordre de 15,1 %, parallèle à l'axe sénaire et 9,5 % perpendiculaire à l'axe sénaire.

Couleur et pléochroïsme

Le pléochroïsme est intense, dans les tons bleus : la couleur passe d'un blanc bleuté au blanc clair que la chalcosine à côté duquel elle devient rose violacé.

Les sections perpendiculaires à l'axe sénaire ne sont pas pléochroïques, et gardent une couleur bleu indigo pendant toute leur rotation dans le champ du microscope.

Anisotropie

L'anisotropie de la covelline est très forte, avec des couleurs allant de l'orange ardent au rouge brunâtre rappelant celles d'un incendie ; c'est pourquoi on dit que la covelline produit le phénomène « d'incendie du champ ». On observe quatre extinctions nettes par tour.

Réflexions internes

Elles sont peu visibles. Elles sont observables seulement sur des plages éteintes (sections perpendiculaires à l'axe sénaire).

Faciès, structure, clivage

Des clivages hexagonaux sont souvent visibles. Les cristaux sont souvent rassemblés en agrégats finement grenus ou formés de lamelles juxtaposées.

Tests microchimiques

– Reconnaissance : HNO : réaction produisant des taches brunes, parfois sans effet.

– L'utilisation de KCN_3 produit des traînées rouge-violet, ou noires, parfois, on constate des attaques profondes.

On notera que ces tests sont inutiles à la reconnaissance de la covelline.

Associations fréquentes

On observe souvent des associations para-génétiques d'ex-solution de la covelline avec la chalcosine, néodigénite, bornite, chalcopyrite, lors des processus de cémentation.

Usages

Ses usages sont semblables à ceux que l'on trouve au niveau de la chalcopyrite.

CHALCOSINE
(Système orthorhombique ou hexagonal)
(orthorhombique aux basses températures
et hexagonal au-dessus de 105 °C)

Formule chimique : Cu_2S

On notera que la chalcosine pure est rare : on trouve plutôt dans la nature des mélanges de Cu_2S et CuS.

Le cuivre peut être remplacé de manière isomorphe par un peu d'argent, ou de fer et de manganèse. Dans les variétés de haute température, le soufre peut être remplacé par un peu de Sélénium et de tellure.

Poli

L'état du poli est bon.

Dureté

Elle est faible, analogue à celle de la covelline et de la galène, inférieure à celles de la bornite et de la tétraédrite.

Pouvoir réflecteur

Le pouvoir réflecteur est variable en fonction de la taille des grains : les agrégats finement grenus sont moins réflecteurs que les agrégats grossièrement grenus ; on peut considérer que le pouvoir réflecteur varie entre 20 % et 30 %.

Couleur et pléochroïsme

– Le pléochroïsme de réflexion, parfois visible en immersion, à la limite des grains.

– La couleur est blanc bleuté. Elle est nettement bleutée à côté de la galène et de la tétraédrite. Elle est bleutée à côté de la pyrite. Elle est blanche, sans nuance rose à côté de la chalcosine.

Anisotropie

L'anisotropie de la chalcosine est très faible, pratiquement sub-isotrope.

Faciès, structure, clivage

La structure peut être développée au moyen de KCN : ce réactif noircit immédiatement la plage considérée, dont la structure apparaît après nettoyage.

Tests microchimiques

– Reconnaissance : HNO_3 : l'utilisation de ce réactif produit de l'effervescence et des taches bleues, parfois provoque des attaques en lignes parallèles.

– L'utilisation de $FeCl_3$ produit des taches bleues.

– L'utilisation de HgCl2 produit des faibles attaques, parfois insignifiantes.

Associations fréquentes

On observe souvent des associations para-génétiques constituées de :

– Néodigénite, bornite, covelline.

– Remplacements guidés de la chalcosine le long des plans (111) dans la chalcopyrite et dans la bornite lors de leur décomposition.

– Elle est souvent observée en tant que minéral de cémentation associé à la pyrite, à la chalcopyrite, à la blende, à la galène, à l'énargite, à la tétraédrite, à la stannine, à la néodigénite qu'elle remplace.

Usages

Ses usages sont semblables à ceux que l'on trouve au niveau de la chalcopyrite.

NÉODIGÉNITE
(Système cubique)

Formule chimique : Cu_9S_5

La néodigénite ne présente cette formule exacte qu'en dessous de 78 °C ; au-dessus de 78 °C, elle contient généralement du CuS ou du Cu2S dissous en solution solide.

Comme la chalcosine, elle peut contenir dans son réseau un peu d'argent, un peu de fer, un peu de manganèse.

Poli

L'état du poli est bon.

Dureté

La dureté de la néodigénite est faible, elle est comme celle de la chalcosine.

Pouvoir réflecteur

Le pouvoir réflecteur de la néodigénite est de l'ordre de 23,5 %.

Couleur

La néodigénite est bleue, plus ou moins grisâtre ;

– elle est nettement bleue à côté de la galène et de la bornite ;

– elle est bleue, mais plus sombre que la chalcosine.

Anisotropie : isotrope

Elle présente, parfois, une très faible anisotropie.

Faciès, structure, clivage

On observe des clivages octaédriques souvent visibles et développés par attaque. Après attaque à HNO3, il y a effervescence et apparition de clivages et structure sous forme de taches bleues.

Tests microchimiques

Reconnaissance :

– L'attaque par KCN produit immédiatement des taches noires et la surface reste rugueuse.

– L'attaque par HgCl2 fait apparaître parfois des légères taches.

Associations fréquentes

– On observe souvent la néodigénite en association avec la covelline et la chalcosine.

– Aussi, elle peut apparaître sous forme de dendrites dans la bornite, dans la chalcopyrite, dans la pyrite et dans la tétraédrite.

Usages

Ses usages sont semblables à ceux que l'on trouve au niveau de la chalcopyrite.

Certaines précisions

Comme la néodigénite contient du Cu2S et du CuS, il convient de donner certaines précisions sur la miscibilité des composants.

1) Le système Cu_2S-CuS

C'est N.W. Buerger qui a mis en évidence comme s'associent, en solution, les sulfures suivants : chalcosine hypogène, chalcosine supergène, néodigénite et covelline. Les résultats qu'il a trouvés sont :

– La chalcosine orthorhombique peut contenir jusqu'à 10 % de CuS.

– À 103°-105°, la chalcosine devient hexagonale, et elle expulse le CuS surabondant sous forme de néodigénite. En ce moment-là, la chalcosine contient au maximum 2 % de CuS.

– Le néodigénite garde une formule exacte jusqu'à 78 °C. Au-delà, elle dissout des quantités croissantes de CuS ou de Cu_2S, de S. À 300 °C, elle est pratiquement miscible en toutes proportions avec Cu_2S.

Ces résultats sont plus parlants s'ils sont rassemblés sur un graphique.

2) Miscibilité de la bornite

La bornite est miscible avec la chalcopyrite et avec la chalcosine :

– Elle est miscible dans des proportions allant jusqu'à 1/1 avec la chalcopyrite.

– Elle est miscible dans des proportions allant jusqu'à 2/1 avec la chalcosine.

3) Conclusions

Il découle des faits précédents que les sulfures courants de cuivre peuvent se présenter sous l'une des formes suivantes :

– Chalcosine blanche (chalcosine sensu stricto)

– Chalcosine bleue (néodigénite)

– Chalcosine lamellaire (métamorphose de la chalcosine orthorhombique en digénite cubique)

– Textures d'ex-solutions donnant de très fines lamelles de :

* Néodigénite-chalcosine

* Néodigénite-covelline (d'où l'on observe l'apparence d'une néodigénite anisotrope)

– Chalcosine gris rosé, anisotrope dans les tons rose clair à vert bleuté (ici, on a une association de bornite et chalcosine)

– Traînées de chalcopyrite dans les ex-solutions de néodigénite-chalcosine.

CUPRITE
(Système cubique)

Formule chimique : Cu_2O

Poli

L'état du poli est assez bon ; cependant, quelques arrachements peuvent se produire.

Dureté

La dureté de la cuprite est moyenne, elle se situe entre celle de la chalcopyrite et celle de la blende. Elle est analogue à celle de la stannine.

Pouvoir réflecteur

Le pouvoir réflecteur de la cuprite est de l'ordre de 27,7 %.

Couleur

La couleur de la cuprite est gris clair, avec une légère nuance de bleu ;

– elle est bleue sale verdâtre à côté de la chalcosine ;

– elle est bleu verdâtre foncé à côté de l'oligiste.

Anisotropie

L'anisotropie de la cuprite est légère, dans les tons vert olive à gris bleuté foncé (on assiste parfois à une forte anisotropie anormale).

Réflexions internes

Les réflexions internes de la cuprite sont fortes et très caractéristiques. Elles sont dans les tons rouge intense.

Faciès, structure, clivage

Les clivages sont rarement visibles. On observe souvent des cristaux automorphes

– octaédriques ou en aiguilles ou parfois en agrégats.

Tests microchimiques

– Reconnaissance : HNO_3 : l'utilisation de ce réactif produit de l'effervescence et on assiste au dépôt de cuivre, facilement nettoyable au chiffon.

– L'utilisation de KCN produit un noircissement de la section.

– L'utilisation de HCl produit un noircissement immédiat, facilement nettoyable au chiffon.

– L'utilisation de FeCl3 produit un noircissement immédiat facilement nettoyable au chiffon.

Associations fréquentes

On observe souvent des associations para-génétiques constituées de :

– goethite, chalcosine, covelline, bornite, chalcosine, pyrite, marcassite et souvent des altérations en malachite.

Usages

Ses usages sont semblables à ceux que l'on trouve au niveau de la chalcopyrite.

TÉNORITE
(Système cubique)

Formule chimique : CuO

Poli

L'état du poli est moyen.

Dureté

La dureté de la ténorite est moyenne : elle est analogue à celle de la cuprite, inférieure à celle de la goethite.

Pouvoir réflecteur

Le pouvoir réflecteur de la ténorite est de l'ordre de 21,1 %.

Couleur

La couleur de la ténorite est brune et sans nuance bleue à côté de la cuprite ;

– elle est brunâtre à côté de la chalcosine ;

– elle est plus claire et gris jaunâtre à côté de la goethite ;

– elle marque un léger pléochroïsme.

Anisotropie

L'anisotropie de la ténorite est forte, dans les tons bleus à crème grisâtre avec extinction oblique incomplète.

Macles

On observe des macles assez fréquentes.

Faciès, structure, clivage

On rencontre des cristaux en aiguilles, souvent groupés en agrégats sphérolitiques. Les agrégats grenus existent également.

Tests microchimiques

– Reconnaissance : HNO_3 : l'utilisation de ce réactif produit lentement des taches brunes ou non.

– L'utilisation de HCl produit des taches brunes et développe des structures aciculaires.

– L'utilisation de $FeCl_3$ peut produire des taches brunes très légères, nettoyables au chiffon.

Associations fréquentes

On observe souvent des associations para-génétiques constituées de :

– cuprite, goethite, chalcosine, covelline, bornite, chalcosine, pyrite, marcassite et souvent des altérations en malachite.

Usages

Ses usages sont semblables à ceux que l'on trouve au niveau de la chalcopyrite.

GOETHITE
(Système orthorhombique)

Formule chimique : $HFeO_2$ + grande quantité de H_2O absorbée

Des substances telles que Al_2O_3, CaO, BaO, SiO_2 peuvent être absorbées.

Poli

En général, le poli est bon.

Dureté

La dureté est assez grande, mais elle est inférieure à celle de la magnétite.

Pouvoir réflecteur

Le pouvoir réflecteur de la goethite est de l'ordre de 16,1 %.

Couleur

La couleur de la goethite va du gris sombre à gris clair, souvent nuancé d'une pointe de bleu. Elle est :

– nettement bleue à côté de la blende ;
– beaucoup plus sombre que l'oligiste ;
– plus sombre que la lépidocrocite.

Anisotropie

On observe une anisotropie faible, dans les tons gris bleuté ou jaunâtre, brunâtre, gris verdâtre, et souvent marquée par des réflexions internes.

Réflexions internes

Les réflexions internes sont :

– abondantes, de ton brun jaunâtre à brun grisâtre ;

– très abondantes dans la goethite cryptocristalline.

Faciès, structure, clivage

On rencontre des structures zonaires sur les gros cristaux seulement. On rencontre aussi des agrégats radiés constitués de fins cristaux essentiellement.

Tests microchimiques

Les réactifs classiques sont sans effets.

Associations fréquentes

On observe souvent des intercroisances entre l'oligiste et la goethite, en tant que principaux constituants de la limonite.

Usages

Les usages du fer (Fe) sont abondants :

– Le fer est le plus important de tous les métaux, actuellement (à l'état d'acier).

– Il trouve ses emplois dans les constructions les plus variées, qu'il s'agisse de supports et charpentes de grandes dimensions, d'outils délicats finement travaillés ou simples récipients métallurgiques à usage banal. La puissance mondiale d'un pays industriel dépend dans une large mesure de sa sidérurgie, en période de paix comme celle de guerre.

– Il est très utilisé dans les alliages : aciers au chrome, nickel, manganèse, tungstène, molybdène, vanadium, silicium, cobalt, aluminium, titane, etc.

LÉPIDOCROCITE
(Système orthorhombique)

Formule chimique : FeO(OH)

Le fer peut être remplacé par le manganèse (Mn) ou le cobalt (Co).

Poli

Le poli est bon.

Dureté

La dureté est assez grande, elle est analogue à celle de la goethite.

Pouvoir réflecteur

Le pouvoir réflecteur est de l'ordre de 20 %.

Couleur

La couleur de la lépidocrocite est :

– grise assez claire ;

– plus claire et plus blanche que la goethite ;

– plus légèrement verdâtre et peu marquée à côté de l'oligiste avec un pléochroïsme de réflexion à peine visible dans l'huile.

Anisotropie

L'anisotropie de la lépidocrocite est forte, dans les tons gris.

Réflexions internes

Les réflexions internes sont peu abondantes mais de couleur rouge.

Faciès, structure, clivage

On observe des cristaux lamellaires ou tabulaires de lépidocrocite dans la goethite.

L'action de $SNCl_2$ fait apparaître la structure.

Tests microchimiques

Les réactifs classiques sont sans effets.

Associations fréquentes

La lépidocrocite est généralement associée à la goethite.

Usages

Ce sont les mêmes usages que la goethite.

Remarques sur les limonites

Les limonites sont constituées par un mélange d'oxyde de fer et d'oxyde de fer hydraté en association, de structure finement grenue ou colloïdale.

Leur principal constituant en est la goethite, mais on y trouve aussi des intercroissances de magnétite, d'oligiste et de lépidocrocite.

Pour ses usages, il faut voir la goethite.

MARCASSITE
(Système orthorhombique)

Formule chimique : FeS_2

Poli

La marcassite se polit avec difficulté : (100) se polit le mieux.

On trouvera donc des plages qui présentent un bon poli, et d'autres se présentent avec un poli moins bon, analogue à celui de la pyrite.

Dureté

La dureté de la marcassite est grande, elle est analogue à celle de la pyrite.

Pouvoir réflecteur

Le pouvoir réflecteur de la marcassite est de l'ordre de 51,5 %.

Couleur

La marcassite est :

– blanche très légèrement jaunâtre, nuancée d'une pointe de rosé, à jaune verdâtre ;

– plus blanche que la pyrite ;

– distinctement jaune verdâtre à côté du mispickel ;

– grise nuancée de vert bleuté à côté de l'argent.

On observe un léger pléochroïsme de réflexion, mieux visible entre les directions parallèles aux axes a et b ou c.

Anisotropie

L'anisotropie de la marcassite est forte, dans les tons bleu, vert jaunâtre, pourpre, gris violacé.

Macles

Les macles sont courantes, en lamelles fines ou larges, polysynthétiques.

Faciès, structure, clivage

Des clivages sont parfois visibles.

On observe des structures zonaires couramment développées par attaque.

On observe aussi des agrégats radiés des cristaux montrant parfois une texture colloïdale en compagnie de la melnicovite.

Tests microchimiques

Reconnaissance :

– L'utilisation de HNO_3 produit une très légère effervescence sur les gros grains et produit des taches brunes.

– L'utilisation du mélange de H_2SO_4 + $KMnO_4$ fait développer la structure.

Associations fréquentes

La marcassite se trouve souvent en association avec la pyrite, la pyrrhotine, la stannine, la blende, parfois la galène, la freibergite, l'argent et plus rarement avec le mispickel.

Usages

Ce sont les mêmes usages que la pyrite.

PYRITE
(Système cubique)

Formule chimique : FeS_2

La plupart du temps, la pyrite est très pure. Mais elle peut contenir :

– d’assez grandes quantités de nickel, et de cobalt ; dans ce cas, elle devient alors la « bravoïte » ;

– quelque peu d’Arsenic.

Par ailleurs, certaines pyrites contiennent du cuivre, du zinc ou de l’argent, provenant des remplacements (inclusions) et d’autres de l’or, dont la situation est encore sujette à controverses.

Poli

La pyrite se polit généralement avec difficulté, et prend classiquement un mauvais poli ; on arrive cependant à lui donner un bon poli (soit avec beaucoup de patience, soit au moyen du polissage sur disque de plomb). Par ailleurs, la pyrite présente une nette anisotropie de dureté et d’aptitude au polissage : (100) se polit mieux que (111) bien que plus « dur » qu’elle.

Dureté

La dureté de la pyrite est très grande (minéral étalon) ; elle présente une certaine anisotropie, selon la direction, d’où on a des différences de reliefs visibles sur une même préparation.

Pouvoir réflecteur

Le pouvoir réflecteur de la pyrite est de l’ordre de 54,5 %.

Couleur

La couleur de la pyrite est :

– blanche, avec une nuance jaune bien visible en général ;

– plus jaune que la marcassite ;

– jaune crème, légèrement brunâtre à côté du mispickel ;

– jaune claire à côté de la galène ;

– légèrement verdâtre, un peu grise à côté de l'argent ;

– nettement plus claire et moins jaune que la chalcopyrite.

Anisotropie

La pyrite est isotrope ou sub-isotrope.

Le mauvais poli de la pyrite empêche souvent de faire une bonne observation : certaines pyrites sont très nettement anisotropes, toutefois moins que la marcassite ; cette anisotropie serait produite par des tensions internes dues à un excès de S ou de As.

Faciès, structure, clivage

Des clivages sont parfois visibles.

On observe des structures zonaires fréquentes qui révèlent des légères différences de dureté, ou de couleur, par des inclusions orientées, ou par des attaques microchimiques. Les faciès sont souvent automorphes révélant des agrégats cristallins, des squelettes de pyrites existants également. Parfois, la pyrite est cataclasée par la suite d'efforts subis au cours de son existence.

L'utilisation des $KMnO_4$ + H_2SO_4 appliqués sur la section révèle la structure.

Tests microchimiques

Reconnaissance :

– L'utilisation de HNO_3 produit des taches brun clair, avec parfois légère effervescence.

– L'eau régale produit aussi, parfois, des taches brunâtres.

Associations fréquentes

La pyrite peut être associée à tous les minéraux, ou être remplacée par tous les minéraux ; on la trouve plus particulièrement avec la blende, la chalcopyrite, la galène, la pyrrhotite, la marcassite, la limonite, la tétraédrite, l'énargite, la bornite.

Usages

Pour ce qui concerne le fer, il faut voir les mêmes usages que ceux de la goethite.

Pour le soufre, il est utilisé dans l'industrie, soit à l'état élémentaire, soit à l'état de composés chimiques, autres que l'acide sulfurique.

– Pour l'industrie chimique, le soufre est utilisé pour la production de l'acide sulfurique ou pour le raffinage du pétrole.

– Pour l'industrie agricole, il est utilisé pour la fabrication des fertilisants. Ici, le soufre élémentaire peut s'obtenir des gisements de soufre natif ou par des fumées de grillage des sulfures.

– Pour le traitement des pulpes de cellulose pour papiers (hyposulfate pour décolorer la pâte).

– Pour la fabrication des sulfates de carbonates.

– Pour fabriquer des produits chimiques, des teintures et couleurs, des insecticides et des fugicides.

– Pour la vulcanisation du caoutchouc.

– Pour le blanchissement de nombreuses matières (gélatine, soie) à l'anhydride sulfureux.

– Pour la fabrication des engrais agricoles (superphosphates, sulfates d'ammoniac), puis à l'industrie chimique. Décapage du fer avant galvanisation. L'électrolyse du zinc, du cuivre, la fabrication de la soie artificielle et de la rayonne.

BRAVOÏTE
(Système cubique)

Formule chimique : (NiFe)S_2

La bravoïte est un terme moyen dans la série isomorphe allant de la pyrite (FeS_2) à la vaésite (NiS_2) ; cependant, la bravoïte peut aussi contenir une certaine teneur de cattiérite (CoS_2).

Poli

Le poli de la bravoïte est meilleur que celui de la pyrite.

Dureté

La dureté de la bravoïte va d'un état moyen à une grande dureté. Elle varie entre celle de la blende et celle de la pyrite.

Pouvoir réflecteur

Son pouvoir réflecteur varie avec la composition chimique. Il est voisin de celui de la pyrrhotine, 40 %, en général.

Couleur

La couleur de la bravoïte est variable avec la composition chimique :

– elle va de rose voisin de la pyrrhotine jusqu'au jaune rosé à brunâtre, tirant sur le jaune de la pyrite ;

– elle est généralement plus sombre que la pentlandite.

Anisotropie

La bravoïte est isotrope.

Faciès, structure, clivage

On assiste à de très fréquentes structures zonaires, dues à des variations de composition chimique, et développées par attaque ; les structures zonaires se voient aussi directement par les différences de couleur du minéral.

On peut développer la structure soit :

– par l'attaque avec HNO_3 concentrés ;

– par l'attaque du mélange $KMnO_4 + H_2SO_4$ (analogie avec la pyrite).

Tests microchimiques

Reconnaissance :

– L'utilisation de HNO_3 développe parfois la structure.

– L'acide chlorhydrique (HCl) produit aussi une légère attaque.

– Les bravoïtes riches en nickel ternissent à l'air libre, vers le brun violacé.

Associations fréquentes

La bravoïte peut être associée à la pyrite, à la marcassite, à la chalcopyrite, à la pyrrhotite, à la pentlandite et à la millénite.

Usages

Pour ce qui concerne le fer, il faut voir les mêmes usages que ceux de la goethite.

Pour le soufre, il faut voir les mêmes usages que la pyrite.

Pour le nickel, on l'utilise pour les aciers spéciaux destinés aux industries automobiles, matériel des mines et des grosses machines nécessitant des pièces particulièrement robustes, tels que :

– les alliages non ferreux : le maillechort (Cu, Zn, Ni) et les cupronickels ;

– les résistances électriques et haute température ;

– les nickelages des surfaces métalliques ;

– les ferronickels à dilatation faible (platine) ou nulle (invar) et d'autres dont l'élasticité est indépendante. Le nickel est le métal d'alliage qui a le plus d'emplois.

Il s'allie au fer (aciers et fontes), aux métaux ferreux (Cr, Mn, Mo) et à presque tous les autres métaux (Cu, Zn, Sn, Al, métaux précieux).

MILLÉRITE
(Système rhomboédrique)

Formule chimique : NiS

Le nickel est rarement remplacé en petites quantités par la Co.

Poli

Le poli de la millérite est bon.

Dureté

La dureté de la millérite est moyenne, analogue à celle de la blende.

Pouvoir réflecteur

Le pouvoir réflecteur de la millérite est de l'ordre de 54,5 %.

Couleur

La couleur de la millérite est jaune pure :

– elle est plus claire que celle de la chalcopyrite, qui apparaît jaune verdâtre en contraste ;

– elle est plus jaune que la pentlandite ;

– elle est marquée par un léger pléochroïsme, plus net dans l'huile.

Anisotropie

La millérite a une forte anisotropie que l'on observe dans les tons jaunes et violets. Elle est marquée par une extinction droite incomplète.

Macles

On observe fréquemment des macles, souvent simples mais parfois multiples.

Faciès, structure, clivage

Les clivages sont généralement visibles.

On observe des agrégats radiés de cristaux en aiguilles le plus fréquemment.

Tests microchimiques

Reconnaissance :

– L'utilisation de HNO_3 produit des effets parfois non observables (Faible effervescence, taches brunes).

– L'utilisation de $HgCl_2$ produit des légères taches brunes.

– L'utilisation de H_2SO_4 + $KMNO_4$ produit une forte attaque.

Associations fréquentes

La millérite se trouve souvent associée à la pyrite, à la chalcopyrite, à la pyrrhotite, à la pentlandite et à la blende.

Usages

Pour ce qui concerne ses usages, il faut se référer à ceux de la bravoïte.

NICKÉLINE
(Système hexagonal)

Formule chimique : NiAs

La nickéline contient parfois une pointe de fer ou de cobalt.

Poli

Le poli de la nickéline est bon.

Dureté

La dureté de la nickéline est moyenne. Elle est inférieure à celle de ramelsbergite et à celle de la löllingite. Elle est supérieure à celle de la chalcopyrite.

Pouvoir réflecteur

Le pouvoir réflecteur de la nickéline est de l'ordre de 52,6 %.

Couleur

La couleur de la nickéline est rose jaunâtre clair avec un assez net pléochroïsme qui la fait passer de rose clair à rose brunâtre ;

– elle est rose clair à côté de la breithauptite ;

– elle est nettement rose à côté de la skutérudite ;

– elle est plus rose que le bismuth ;

– elle est rose, sans nuance brune, et plus claire, à côté de la pyrrhotite.

Anisotropie

La nickéline a une forte anisotropie dans les tons jaunâtre, vert sale, bleu violacé, gris bleuté. On observe une extinction droite incomplète.

Faciès, structure, clivage

On observe les agrégats sub-parallèles ou concentriques.

Du point de vue structure, on peut développer une structure zonaire, parallèle, au moyen du mélange HCl + $KMnO_4$.

Tests microchimiques

Reconnaissance :

– L'utilisation de HNO_3 produit de l'effervescence et attaque profonde.

– L'utilisation de $FeCl_3$ produit, parfois, une attaque très lente ; si la nickéline est en contact avec la rammelsbergite ou la safflorite, ces derniers minéraux ne sont pas attaqués, et la nickéline devient noire en une dizaine de minutes.

Associations fréquentes

La nickéline se trouve souvent associée à la rammelsbergite, à la safflorite, à la chalcopyrite (ici, on assiste à une texture myrmékitique).

Usages

Pour ce qui concerne ses usages, il faut se référer à ceux de la bravoïte pour ce qui concerne le nickel et à ceux des cuivres gris pour ce qui concerne l'As.

BRÉITHAUPTITE
(Système hexagonal)

Formule chimique : NiSb

La bréithauptite contient parfois un peu d'As remplaçant du Sb.

Poli

Le poli de la bréithauptite est très bon.

Dureté

La dureté de la bréithauptite est moyenne. Elle est analogue à celle de la nickéline et supérieure à celle de la blende.

Pouvoir réflecteur

Le pouvoir réflecteur de la bréithauptite, perpendiculaire à l'axe sénaire, est de l'ordre de 50 %, et celui de la direction parallèle à l'axe sénaire est d'environ 40 %.

Couleur et pléochroïsme

Le pléochroïsme de réflexion de la bréithauptite est fort. La couleur passe du rose jaunâtre clair analogue à celui de la nickéline, à un violet rosâtre vif.

Anisotropie

La bréithauptite a une forte anisotropie, dans les tons vert bleuté, et rouge violacé, elle est plus forte que celle de la nickéline.

Faciès, structure, clivage

On observe la structure zonaire fréquente, révélée par des différences de couleur et de pléochroïsme ; cristaux généralement xénomorphes.

Tests microchimiques

Reconnaissance :

– L'utilisation de HNO_3 produit des taches irisées.

– L'utilisation de $FeCl_3$ produit, aussi, des taches irisées.

Associations fréquentes

La bréithauptite se trouve, souvent, associée à la nickéline et aux minéraux du nickel, du cobalt et de l'argent.

Usages

Pour ce qui concerne ses usages, il faut se référer à ceux de la bravoïte pour ce qui concerne le nickel et à ceux des cuivres gris pour ce qui concerne la Sb.

SKUTÉRUDITE
(Système cubique)

Formule chimique : $(Co, Ni)As_3$ -X

Le nickel et le cobalt se remplacent en toutes proportions ; une teneur en fer allant jusqu'à 5 % est assez courante. Il y a toujours un déficit plus ou moins grand en arsenic, aussi, le coefficient de l'As est-il compris en réalité entre 2 et 3.

Poli

Le poli de la skutérudite est très bon.

Dureté

La dureté de la skutérudite est assez grande, elle est inférieure à celle du mispickel, elle est très peu inférieure à celle des arséniures orthorhombiques de nickel-cobalt.

Pouvoir réflecteur

Le pouvoir réflecteur de la skutérudite est de l'ordre de 55,4 %.

Couleur et pléochroïsme

La couleur de la skutérudite est variable, selon la composition chimique : certaines zones sont blanc jaunâtre à blanc crème, d'autres sont blanc grisâtre à blanc bleuté. Les variations sont :

– de légèrement plus jaune que celle de la rammelsbergite et de la safflorite ;

– de gris bleuté à côté de la nickéline ;

– de blanc à côté de la cobaltine, de la bismuthine et de la pyrite ;

– de blanc jaunâtre à côté de la galène ;

– de gris bleuté foncé à côté de l'argent.

Anisotropie

La skutérudite est parfaitement isotrope.

Faciès, structure, clivage

On observe :

– Fréquemment, une structure zonaire, révélée par des différences de dureté ou de couleur développée par attaque.

– Fréquemment, des cristaux automorphes.

– Fréquemment, des cristaux zonés, se présentant sous un faciès rappelant les plans des forts construits par Vauban.

On peut développer la structure avec l'acide nitrique concentré.

Tests microchimiques

Reconnaissance :

– L'utilisation de HNO_3 produit une attaque lente donnant une surface rugueuse et produisant une effervescence sur les termes riches en nickel.

– L'utilisation de $FeCl_3$ produit une faible attaque négative.

Associations fréquentes

La skutéruditite se trouve, souvent, associée à la nickéline, à la rammelsbergite, à la safflorite et à la cobaltine.

Usages

Pour ce qui concerne ses usages, il faut se référer à ceux de la bravoïte pour ce qui concerne le nickel, à ceux des cuivres gris pour ce qui concerne la As, et à ceux de la safflorite, pour ce qui concerne le Co.

SAFFLORITE
(Système orthorhombique)

Formule chimique : $CoAs_2$

La safflorite peut contenir de grandes quantités de fer, sans pourtant passer à löllingite. Elle contient aussi de très petites quantités de nickel et de bismuth.

Poli

Le poli de la safflorite est bon.

Dureté

La safflorite a une dureté assez grande, mais elle reste inférieure à celle du mispickel, cependant elle est comparable à celle des autres arséniures de nickel et de cobalt.

Pouvoir réflecteur

Le pouvoir réflecteur de la safflorite est d'environ 57 %.

Couleur et pléochroïsme

La couleur de la safflorite est blanche mais elle est très légèrement nuancée d'une pointe de bleu. Elle est :

– Blanche à côté de la rammelsbergite.
– Blanc grisé à côté de l'argent.

Le pléochroïsme est à peine visible dans l'huile, mais plus net chez les spécimens riches en fer.

Anisotropie

La safflorite a une forte anisotropie, révélant la structure zonaire par des différences de couleur (bleu-jaune).

Macles

On observe très fréquemment des macles. En section, les individus maclés dessinent ensemble des étoiles caractéristiques entre nicols parallèles. Ces étoiles sont de deux sortes :

– Des macles selon (110) : Ici, on observe des étoiles de Salomon à six branches.

– Des macles selon (101) : Là, on observe des étoiles du matin, à douze branches.

Entre nicols croisés, on observe de beaux effets de couleurs liées à ces macles.

Faciès, structure, clivage

On observe des clivages, des structures zonaires et des faciès en étoiles.

Tests microchimiques

Reconnaissance :

– L'utilisation de HNO_3 produit une attaque profonde, sans effervescence en général, au bout d'une dizaine de minutes. Si la safflorite est en contact avec la nickéline et la bismuthine, il n'y a pas de réaction pendant cinq minutes, et le minéral accompagnateur devient complètement noir.

– L'utilisation de $FeCl_3$ provoque une attaque très lente, au bout de dix minutes.

Associations fréquentes

La safflorite se trouve, souvent, associée aux arséniures de nickel-cobalt, nickéline, breithauptite, löllingite et mispickel.

Usages

Les principaux usages du cobalt sont sidérurgiques :

– Dans les alliages pour la fabrication des aciers spéciaux et aciers à aimant (jusqu'à 30 à 40 %) de cobalt.

– Dans les alliages durs pour fabriquer des pièces devant travailler à haute température ou au choc (trépans, blindages). Il entre aussi en alliage avec le nickel, le chrome, le molybdène, pour les aciers qui servent à fabriquer des satellites.

– Dans la fabrication des « Invars », métal supérieur à l'invar au nickel, avec 54 % de Co, 37 % de Fe et 9 % de Cr.

– Dans les alliages Co-Al pour fabriquer des carters ou soupapes.

– Dans la coloration de la verrerie et émaux.

– Comme catalyseur pour fabriquer des essences synthétiques.

– Dans les revêtements électrolytiques.

RAMMELSBERGITE
(Système orthorhombique)

Formule chimique : $NiAs_2$

La rammelsbrgite contient toujours un petit peu de nickel et de Cobalt et une pointe de fer, de plus, du soufre peut remplacer un peu d'arsenic.

La paramélsbergite est un minéral orthorhombique voisin du rammelsbergite mais toujours très pur. Ses propriétés sont semblables à celles du rammelsbergite, dont elle n'est pas distinguable au microscope métallographique.

Poli

Le poli de la rammelsbergite est bon.

Dureté

La dureté de la rammelsbergite est assez grande, elle est cependant inférieure à celle du mispickel. Elle est comparable à celle des autres arséniures du nickel-cobalt.

Pouvoir réflecteur

Le pouvoir réflecteur de la rammelsbergite est de l'ordre de 60 %.

Couleur et pléochroïsme

La rammelsbergite est blanche, presque pure.

– Elle est jaunâtre à côté de la safflorite.

– Elle est blanche à côté de mispickel, de bismuthine, de nickéline.

Elle présente un léger pléochroïsme, plus faible que celui de la safflorite.

Anisotropie

La rammelsbergite présente une anisotropie forte, mais moins forte que celle de la safflorite ; les couleurs d'anisotropie sont dans les tons bleu, rosâtre, verdâtre, brunâtre.

Macles

Elle présente des macles fréquentes, simples ou lamellaires.

Faciès, structure, clivage

On constate que :

– Elle présente des clivages, mais rarement visibles.

– Elle présente fréquemment une structure zonaire, révélée par attaque.

– Elle présente des cristaux fibreux réunis en agrégats radiés où alternent nickéline et rammelsbergite (Structure en oursin) ; des agrégats finement cristallisés, mais plus rares.

– L'acide nitrique (HNO_3) concentré peut faire développer la structure.

Tests microchimiques

Reconnaissance :

– L'utilisation de HNO_3 produit une forte effervescence et noircissement immédiat et peut développer la structure.

– L'utilisation de $FeCl_3$ produit des taches brun clair à brun foncé.

– On notera que si la rammelsbergite est en contact avec la nickéline ou la bismuthine, ces réactifs sont sans action pendant une dizaine de minutes, tandis que le minéral accompagnateur noircit.

– L'utilisation de $HgCl_2$ produit des taches brunes ou rien du tout.

En atmosphère humide, la section s'oxyde et se recouvre d'un film de nickel.

Associations fréquentes

La rammelsbergite se trouve, souvent, associée avec la nickéline, skutterudite et la bismuthine.

Usages

Pour ce qui concerne ses usages, il faut se référer à ceux de la bravoïte pour ce qui concerne le nickel et à ceux des cuivres gris pour ce qui concerne la As.

LÖLLINGITE
(Système orthorhombique)

Formule chimique : $FeAs_2$

La löllingite subit des remplacements isomorphiques de Fe par Co et Ni très souvent.

– Dans le cas où le Fe est remplacé par le Co ou le Ni, on obtient la leucopyrite.

– Dans certains cas l'As peut être remplacé par Sb en quantités parfois importantes ou S en petites proportions.

Poli

Le poli de la löllingite est très bon, mais lent à obtenir.

Dureté

La dureté de la löllingite est assez grande, elle est cependant très inférieure à celle du mispickel. Elle est comparable à celle des autres arséniures de nickel-cobalt.

Pouvoir réflecteur

Le pouvoir réflecteur de la löllingite est de l'ordre de 53,8 %.

Couleur et pléochroïsme

La löllingite est blanche, souvent nuancée de jaune.

– Elle est moins jaune que le mispickel.

– Elle est semblable à la rammelsbergite.

Son pléochroïsme est léger dans l'huile (plus fort que celui de la safflorite, mais plus faible que celui du mispickel).

Anisotropie

La löllingite présente une anisotropie forte, plus forte que celle de la safflorite ; les couleurs d'anisotropie sont dans les tons jaune-orange, brun rougeâtre, bleu, vert (en position d'éclairement maximum, couleur bleu ardoise clair à bleu ciel clair).

Macles

Elle présente des macles simples ou polysynthétiques, fréquentes, mais moins fréquentes que chez le mispickel.

Faciès, structure, clivage

Elle présente des clivages avec une structure zonaire bien développée par attaque. Les cristaux sont le plus souvent automorphes (losangiques en section polie), parfois rassemblés en agrégats radiés.

L'utilisation de HNO_3 développe la structure.

Tests microchimiques

Reconnaissance :

– L'utilisation de HNO_3 ne produit généralement pas d'effervescence, mais produit des taches brunes et développe la structure.

– L'utilisation de $FeCl_3$ produit des taches brunes permanentes après une minute.

Associations fréquentes

La löllingite se trouve, souvent en association avec la nickéline, la safflorite, la chalcopyrite, la galène et la blende.

Usages

Pour ce qui concerne ses usages, il faut se référer à ceux de la goethite pour ce qui concerne le fer et à ceux des cuivres gris pour ce qui concerne l'As.

MISPICKEL
(Système monoclinique ou pseudo-orthorhombique)

Formule chimique : FeAsS

Le fer est toujours légèrement remplacé par du cobalt ; si le pourcentage de ce remplacement est important, on obtient les minéraux suivants :

– Danaïte : Fe/Co = 2/1

– Glocodot : Fe/Co = 1/6

Poli

Le poli du mispickel est bon.

Dureté

La dureté du mispickel est grande, peu inférieure à celle de la pyrite.

Pouvoir réflecteur

Le pouvoir réflecteur du mispickel est de l'ordre de 52,4 %.

Couleur et pléochroïsme

Le mispickel est blanc, légèrement nuancé d'une pointe de jaune ou de jaune rosâtre.

– Il est presque blanc à côté de la pyrite.

– Il est peu différent de la löllingite et de la safflorite, auprès desquelles le mispickel a néanmoins une petite nuance de crème.

– Il est jaune très clair à côté de la galène ou de la blende.

– Il est plus foncé, mais blanc, à côté de l'argent.

Le pléochroïsme est faible.

Anisotropie

Le mispickel a une anisotropie forte, dans les tons bleu, vert, jaune brunâtre tirant sur le rouge. Les couleurs d'anisotropie sont plus nettes si les nicols sont légèrement décroisés.

Macles

Le mispickel présente des macles assez courantes, lamellaires, faisant penser à une symétrie orthorhombique.

Faciès, structure, clivage

Des clivages sont généralement absents. On observe souvent des cristaux automorphes, donnant des sections losangiques caractéristiques ; seul le mispickel forme généralement un agrégat monominéral, où les grains sont xénomorphes.

Tests microchimiques

Reconnaissance :

– L'utilisation de HNO_3 produit parfois une légère effervescence et des taches irisées à sombres

– L'utilisation de l'eau régale produit des taches brunes.

Associations fréquentes :

Le mispickel se présente fréquemment en association avec la pyrite, la löllingite, la blende, la chalcopyrite, la stannine, la tétraédrite, la boulangérite, la galène.

GERSDORFFITTE
(Système cubique)

Formule chimique : NiAsS

Le nickel (Ni) est souvent remplacé isomorphiquement en grande quantité par le fer (Fe) et le cobalt (Co).

Poli

Le poli de la gersdorffitte est excellent, parfois il y a présence des arrachements triangulaires.

Dureté

La dureté de la gersdorffitte est assez grande, elle est cependant très inférieure à celle de la pyrite. Elle est analogue à celle de la skuttérudite.

Pouvoir réflecteur

Le pouvoir réflecteur de la gersdorffitte est de l'ordre de 53 %.

Couleur et pléochroïsme

La gersdorffitte est blanche, légèrement nuancée d'une pointe de jaune ou de rose-crème.

– Elle est plus jaune que la skuttérudite.
– Elle est moins jaune et plus sombre que la pyrite.
– Elle est crème rosée à côté de la chalcopyrite.
– Elle est crème rosé clair à côté de la galène.

Anisotropie :

La gersdorffitte présente des clivages (100) presque toujours visibles ; très souvent des cristaux automorphes montrant une structure zonaire révélée par des différences de couleur et de dureté.

Faciès, structure, clivage

On observe :

Des clivages (100) presque toujours visibles ; très souvent des cristaux automorphes montrant une structure zonaire révélée par des différences de couleur et de dureté.

Tests microchimiques

Reconnaissance :

– L'utilisation de HNO_3 produit généralement de l'effervescence, accompagnée de noircissement de la section lié à l'attaque.

– L'utilisation d'autres réactifs est douteuse, ici on n'observe pas d'attaque.

Associations fréquentes

La gersdorffite est un minéral assez rare des filons cobalto-nickélifères mésothermaux. Elle est souvent associée à la skuttérudite, à la pyrite, à la chalcopyrite et à la nickéline.

Usages

Pour ce qui concerne ses usages, il faut se référer à ceux de la bravoïte pour ce qui concerne le Ni, à ceux des cuivres gris pour ce qui concerne l'As et ceux de la pyrite pour ce qui concerne le S.

COBALTINE
(Système cubique)

Formule chimique : CoAsS

Le cobalt (Co) est remplacé isomorphiquement en petite quantité par le fer (Fe).

Poli

Le poli de la cobaltine est mauvais en général, à la différence des autres minéraux de type nickel cobalt.

Dureté

La dureté de la cobaltine est grande, peu inférieure à celle de la pyrite ; mais peu supérieure à celle du mispickel.

Pouvoir réflecteur

Le pouvoir réflecteur de la cobaltine est de l'ordre de 52,5 %.

Couleur et pléochroïsme

La cobaltine est blanche, nettement nuancée de rose.

– Elle est rosée à côté du mispickel et de la skuttérudite.

– Elle est plus blanche que la pyrite.

Anisotropie : Isotrope

La cobaltine présente une très faible anisotropie. Mais, elle est quand même décelable en immersion dans l'huile.

Macles

Elle présente des fines lamelles de macles, souvent visibles en immersion dans l'huile.

Faciès, structure, clivage

On observe :

– Des clivages visibles sur des gros grains ; on observe aussi des structures zonaires, notamment sur la cobaltine formée à basse température. On observe souvent des cristaux automorphes, des agrégats xénomorphes s'observent fréquemment, également.

Tests microchimiques

Reconnaissance :

– L'utilisation de HNO_3 produit des attaques très faibles, parfois douteuses.

– L'utilisation du mélange KMNO4 + H2SO4 développe les limites des cristaux et les macles.

Associations fréquentes

La cobaltine est observée fréquemment en association avec la löllingite, le mispickel, la skuttérudite, la safflorite, la rammelsbergite, la nickéline, la pyrite, la chalcopyrite, la galène et la blende.

Usages

Pour ce qui concerne ses usages, il faut se référer à ceux de la safflorite pour ce qui concerne le Co, à ceux des cuivres gris pour ce qui concerne l'As et ceux de la pyrite pour ce qui concerne le S.

CUBANITE
(Système orthorhombique)

Formule chimique : $CuFe_2S_3$

La cubanite peut être considérée, en fait, comme étant le résultat d'une dissolution de la pyrrhotine (FeS) dans la chalcopyrite ($CuFeS_2$).

Poli

Le poli de la gersdorffite est excellent, parfois il y a présence des arrachements triangulaires.

Dureté

La dureté de la cubanite est moyenne, analogue à celle de la chalcopyrite.

Pouvoir réflecteur

Le pouvoir réflecteur de la cubanite est de l'ordre de 41,3 %.

Couleur et pléochroïsme

La cubanite est jaune crème à rose brunâtre.

– Elle est rose, analogue à celle de la pyrrhotite, elle est à peine plus jaune, ou à peine moins rose.

– Elle est plus rosée à côté de la chalcopyrite.

Elle est marquée par un léger pléochroïsme.

Anisotropie

La cubanite présente une forte anisotropie, mais moins forte que celle de la pyrrhotine, dans les tons jaune, brun rosé, bleu grisâtre.

Macles

Les macles lamellaires s'observent souvent.

Faciès, structure, clivage

On observe :

– Des faciès à bâtonnets de la pyrrhotine dans la chalcopyrite. Elle présente des agrégats grenus des minéraux.

Tests microchimiques

Reconnaissance :

– L'utilisation de HNO_3 est généralement sans effets, mais ça produit parfois des taches brun clair.

– Le mélange $HCl + CrO_3$ ternit la section.

Associations fréquentes

La cubanite s'observe en inter croissance avec la chalcopyrite, la pyrrhotine, la bornite, la galène (moins fréquent).

Usages

Pour ce qui concerne ses usages, il faut se référer à ceux de la chalcopyrite pour ce qui concerne le Cu, à ceux de la goethite pour ce qui concerne le Fe, et à ceux de la pyrite pour ce qui concerne le S.

PYRRHOTINE
(Système hexagonal)

Formule chimique : FeS

Il y a toujours un léger manque de Fe dans le réseau. Par ailleurs, le Fe peut être remplacé par des petites quantités de Ni, de Co et de Mn.

Il faut noter qu'il s'agit d'un minéral doté d'un magnétisme fort. Le magnétisme présente une anisotropie d'intensité très nette ; sa manière d'être est fort compliquée.

Poli

Le poli de la pyrrhotine est très bon.

Dureté

La dureté de la pyrrhotine est assez grande. Elle est du même ordre que celle de la pentlandite et supérieure à celle de la chalcopyrite ; tout en étant inférieure à celle de la pyrite.

Pouvoir réflecteur

Le pouvoir réflecteur de la pyrrhotine est de l'ordre de 39,9 %.

Couleur et pléochroïsme

La pyrrhotine présente un pléochroïsme assez net avec des couleurs passant de crème brunâtre clair au brun nettement rosé clair. La section polie ternit à l'air.

– Elle est plus foncée que la nickéline et la pentlandite.
– Elle est grisâtre-crème à côté de la bismuthine.

Anisotropie

La pyrrhotine présente une forte anisotropie, dans les tons jaune grisâtre, gris verdâtre ou gris-bleu. Les sections perpendiculaires à l'axe sénaire restent isotropes.

Macles

Les macles sont rares.

Faciès, structure, clivage

Des clivages sont difficiles à discerner sur des spécimens frais, mais ils sont visibles sur des spécimens altérés.

On observe fréquemment des structures zonaires.

Tests microchimiques

Reconnaissance :

– L'utilisation de HNO_3 est généralement sans effets, mais ça produit parfois lentement des taches brunes.

– L'utilisation de HCl est sans effets, mais la goutte du réactif devient lentement jaune.

– L'utilisation de KOH produit sur la section des légères taches brunes à irisées.

Associations fréquentes

La pyrrhotine s'observe en ex-solution dans la pentlandite. Elle est souvent en association intime avec la blende, la chalcopyrite, la pyrite, le mispickel, la marcassite, la magnétite et la nickéline.

Usages

Pour ce qui concerne ses usages, il faut se référer à ceux de la pyrite pour ce qui concerne le S.

PENTLANDITE
(Système cubique)

Formule chimique : $(Fe,Ni)_9S_8$

Le rapport Fe/Ni est généralement de 1/1, mais il peut aller jusqu'à 2/1. Il y a parfois un peu de Co en remplacement du Fe ou du Ni.

Poli

Le poli de la pentlandite est bon.

Dureté

La dureté de la pentlandite est moyenne. Elle est équivalente à celle de la pyrrhotine.

Pouvoir réflecteur

Le pouvoir réflecteur de la pentlandite est de l'ordre de 45,6 %.

Couleur et pléochroïsme

La pentlandite est blanc crème, avec une pointe à peine perceptible de brun.

– Elle est plus claire que la pyrrhotine, qui apparaît brune par contraste.

Anisotropie : Isotrope

La pentlandite présente entre nicols croisés un fond lumineux notable. Ce fond lumineux peut tromper l'expérimentateur novice, et lui faire croire à une certaine anisotropie (notamment dans l'association pethlandite-pyrrhotine).

Faciès, structure, clivage

On observe des clivages (111) visibles sur les gros grains et on parle de faciès digitiformes, ou flammes, dans la pyrrhotine et des cristaux xénomorphes sur la bordure des grains de pyrrhotine.

Tests microchimiques

Reconnaissance :

– L'utilisation de HNO_3 produit des légères taches brunes effaçables au chiffon.

– L'utilisation de l'eau régale produit des effets semblables sur la section.

Associations fréquentes

La pentlandite s'observe en associations fréquentes avec la chalcopyrite, la bravoïte, la pyrite et la marcassite (moins fréquent).

Usages

Pour ce qui concerne ses usages, il faut se référer à ceux de la goethite pour ce qui concerne le Fe, à ceux de la bravoïte pour ce qui concerne le Ni, et à ceux de la pyrite pour ce qui concerne le S.

CHROMITE
(Système cubique)

Formule chimique : $(Fe, Mg) (Cr, Al, Fe)_2O_4$

La chromite est un minéral complexe formé des mélanges isomorphes ci-dessus. En outre, elle peut contenir un peu de Mn, Zn, Ti, etc.

Poli

Le poli de la chromite est bon.

Dureté

La dureté de la chromite est assez grande. Elle est comprise entre celle de l'ilménite et celle de la magnétite.

Pouvoir réflecteur

Le pouvoir réflecteur de la chromite varie entre 12,1 et 16,1 %.

Couleur et pléochroïsme

La chromite est gris sombre.

– Elle est plus sombre que la magnétite.

– Elle est similaire à celle de la blende.

– Elle est plus sombre que celle de l'ilménite, qui paraît rouge brunâtre, par contraste.

Anisotropie :

La chromite est isotrope, bien sombre entre nicols croisés.

Réflexions internes

Les réflexions internes sont bien visibles, surtout chez les individus riches en magnésium et en aluminium (Couleurs rouge brunâtre).

Faciès, structure, clivage

On observe :

– Les clivages ne sont généralement pas observés.

– Les structures zonaires sont fréquemment observées (les zones externes sont alors riches en fer et la chromite peut être entourée d'une bande de magnétite).

– Des cataclases sont très fréquemment observées.

– Les cristaux sont souvent automorphes, avec des formes arrondies.

Tests microchimiques

Reconnaissance :

Tous les réactifs usuels sont sans effets.

Associations fréquentes

La chromite est rarement associée.

On rencontre de très rares associations de la chromite avec la magnétite, l'ilménite, l'oligiste et la pyrrhotite.

Usages

Le principal usage de la chromite concerne la sidérurgie des aciers au chrome. On distingue des aciers au chrome courants avec 0,5 à 3 % de Cr et des aciers à haute teneur avec 10 % à 25 % Cr. On a :

– Des aciers au Cr-Ni.

– La fabrication des réfractaires neutres à base de chromite, résistant à des températures très élevées. C'est le cas des briques de chromites, résistantes à des températures très élevées.

– Des produits chimiques tels que des bichromates pour tanneries (cuirs chromés) ou pour colorants.

MAGNÉTITE
(Système cubique)

Formule chimique : $Fe^{+2} Fe_2^{3+}O_4$

Aux hautes températures, les remplacements suivants peuvent se produire :

– Le Fe^{2+} par le Mg^{2+}, le Mn^{2+}, le Zn^{2+}, le Ni^{2+} et le Ti^{2+}.

– Le Fe^{3+} par l'Al^{3+}, le Ti^{3+}, le V^{3+} et le Cr^{3+}.

Par ailleurs, le pourcentage en FeO peut être en déficit de plusieurs pour cent sur celui de Fe_22O_3.

Poli

Le poli de la magnétite est moyen, mais il peut être bon.

Dureté

La dureté de la magnétite est grande, elle est inférieure à celle de l'ilménite et de l'oligiste.

Pouvoir réflecteur

Le pouvoir réflecteur de la magnétite est de l'ordre de 21,1 %.

Couleur et pléochroïsme

La magnétite est grise, avec une légère nuance brune (cette nuance peut passer au rose brunâtre par addition de titane, au vert jaunâtre par addition de manganèse).

– Elle est plus sombre, et nettement brune à côté de l'oligiste.

– Elle est plus claire et moins rosée que l'ilménite.

– Elle est plus claire que la blende.

Anisotropie :

La magnétite est isotrope. Les magnétites titanifères montrent une légère anisotropie : ces magnétites sont en fait des intermédiaires entre la vraie magnétite et l'ilménite.

Macles

Les macles lamellaires s'observent souvent.

Faciès, structure, clivage

On observe :

– Les clivages qui ne sont pas visibles.

– Des cristaux automorphes octaédriques, souvent.

– Des agrégats minéraux, souvent.

– Des structures zonaires qui se développent par attaque.

Tests microchimiques

Reconnaissance :

– L'utilisation de HCl est généralement sans effets, mais ça produit parfois des taches brunes.

– L'utilisation de l'eau régale produit parfois des légères taches brunes, bien que la réaction reste souvent négative.

– L'utilisation du mélange HCl + SnCl saturé (1/1) développe à la limite des cristaux des taches gris brunâtre (ceci la différencie de la brannite qui devient brun net) ; pyrolusite et psilomélane qui deviennent noirs ; oligiste qui ne donne rien.

– On peut développer la structure au moyen de BrH.

Associations fréquentes

La magnétite s'observe en ex-solution et se pseudomorphose avec l'oligiste (martite) l'ilménite (ex-solutions).

Usages

– Pour ce qui concerne ses usages, il faut se référer à ceux de la goethite pour ce qui concerne le Fe.

– Elle est aussi utilisée pour la fabrication des aimants.

HÉMATITE
(Système rhomboédrique)

Formule chimique : Fe_2O_3

L'hématite est souvent très pure ; aux basses températures, il y a une certaine miscibilité entre l'hématite et l'ilménite (ce qui donne des cristaux isomorphes).

Poli

Le poli de l'hématite est souvent bon, bien que moins que celui de la magnétite.

Dureté

La dureté de l'hématite est grande, analogue à celle de la pyrite.

Pouvoir réflecteur

Le pouvoir réflecteur de l'hématite est de l'ordre de 27,2 %.

Remarque : Dans l'air, le pouvoir réflecteur de l'hématite est plus fort que celui de la magnétite et de l'ilménite ; dans l'huile, le contraire peut se produire.

Couleur et pléochroïsme

L'hématite est gris nuancé de bleu.

– Elle est blanche à côté de l'ilménite ou de la magnétite.

– Elle est blanc brillant à côté de la goethite et de la pyrolusite.

– Elle est gris bleuté à côté de la pyrite.

– Elle est bleutée, sans nuance jaune, à côté de la pyrolusite.

– Elle est brunâtre à côté de la chalcosine.

– Elle est blanche à côté de la cuprite.

Elle est marquée par un très faible pléochroïsme de réflexion, plus net chez les espèces riches en titane.

Anisotropie

L'hématite présente une anisotropie moyenne, dans les tons gris bleuté et gris jaunâtre.

Macles

Les macles lamellaires s'observent souvent. Elles peuvent appartenir à plusieurs systèmes et s'entrecroiser.

Réflexions internes :

Elles sont peu visibles dans l'eau ; plus nettes dans l'huile ou dans des sections males-polies ; leur couleur est rouge soutenue.

Faciès, structure, clivage

On observe :

– Des cristaux tabulaires automorphes.

– Des agrégats radiés des cristaux en aiguilles ou en fibres (provenant sans doute de pseudomorphoses).

On peut développer des structures par l'emploi d'acide fluorhydrique concentré, mis en contact une à deux minutes avec la section.

Tests microchimiques

Reconnaissance : Les réactifs classiques sont sans actions.

Associations fréquentes

L'hématite s'observe en associations fréquentes avec :

– La magnétite sous forme de martitisation.

– L'ilménite (titanohématique) en ex-solution.

– Le rutile.

Usages

Pour ce qui concerne ses usages, il faut se référer à ceux de la goethite pour ce qui concerne le Fe.

ILMÉNITE
(Système rhomboédrique ou hexagonal)

Formule chimique : $FeTiO_3$

Le fer peut être remplacé par le Mn ou le Mg, d'où on assiste à diverses variétés d'ilménites.

– Crichtonite : ilménite pure.

– Géikiélite : ilménite mangnésifère.

– Pyrophanite : ilménite manganésifère.

L'ilménite peut, par ailleurs, dissoudre certaines quantités de Fe_3O_4 et/ou de Al_2O_3.

Poli

Le poli de l'ilménite est bon.

Dureté

La dureté de l'ilménite est assez grande. Elle est supérieure à celle de la magnétite, elle est analogue à celle du rutile.

Pouvoir réflecteur

Le pouvoir réflecteur de l'ilménite est de l'ordre de 19,4 %.

Couleur et pléochroïsme

La couleur de l'ilménite est brun lumineux à sombre, nuancée de rose violacé.

– Elle est plus sombre que la magnétite.
– Elle est beaucoup plus sombre que l'oligiste.
– Elle est plus claire que la blende.
– Elle est brun rougeâtre clair à côté de la chromite.

Elle est marquée par un léger pléochroïsme.

Anisotropie

L'ilménite présente une anisotropie moyenne, dans les tons gris verdâtre à gris noirâtre.

Macles

Les macles lamellaires s'observent souvent.

Réflexions internes

Elles sont rares chez les spécimens. Par contre :

– Les espèces manganésifères présentent des couleurs brun foncé.

– Les espèces magnésifères présentent des couleurs rouges.

Tests microchimiques

Reconnaissance :

– Les réactifs courants ne produisent aucun effet.
– Le mélange HF + H_2SO_4 produit une nette attaque.

Associations fréquentes

L'ilménite s'observe en ex-solution sous forme de lamelles dans l'oligiste.

Elle est souvent en association avec le rutile et la magnétite.

Usages

Pour ce qui concerne le Fe, il faut voir les usages de la goethite.

On notera que l'ilménite est utilisée pour la récupération du titane (Ti).

– Les principaux usages de ce minéral sont basés sur l'oxyde de titane pour la fabrication des couleurs et pigments. Pour cela, on notera que le pigment le plus blanc provient de l'un des minéraux les plus noirs (l'ilménite). L'oxyde de titane s'utilise soit seul, soit sous forme de mélange avec du sulfate de baryum ou du sulfate de chaux. Il est aussi utilisé en céramique pour des revêtements émaillés. Il est encore utilisé pour des revêtements de tiges de soudure électrique en ilménite ou en oxyde de titane ou en rutile.

– Il est aussi utilisé en sidérurgie sous forme de carbure de ferrotitane à 15- 20 % de titane (Ti).

– Aussi, il est utilisé pour la fabrication des aciers Cr-Ti.

– À l'état métallique, il est intéressant pour les températures moyennes et pour des objets légers et résistants.

– Dans les usines, il est usiné en feuilles, et en files.

– Il est aussi utilisé sous forme d'alliages avec le manganèse (Mn), l'aluminium (Al), l'étain (Sn), le fer (Fe), le chrome (Cr), le molybdène (Mo).

RUTILE
(Système quadratique)

Formule chimique : TiO_2

Le rutile contient de très petites quantités de niobium (Nb), tantale (Ta), vanadium (V) et fer (Fe).

Poli

Le poli du rutile est bon.

Dureté

La dureté du rutile est assez grande, analogue à celle de l'ilménite.

Pouvoir réflecteur

Le pouvoir réflecteur du rutile est de l'ordre de 22,9 %.

Couleur et pléochroïsme

Le rutile est gris nuancé d'une pointe de bleu.

– Elle est très semblable à celle de la magnétite et à celle de la chromite.

– Parfois, elle est semblable à celle de l'ilménite.

– Elle est rosée à côté de l'oligiste et de la goethite.

Son pléochroïsme est léger, visible seulement dans l'huile.

Anisotropie

Le rutile présente une anisotropie moyenne, ses couleurs sont marquées par des réflexions internes.

Macles

Les macles lamellaires et polysynthétiques s'observent souvent.

Réflexions internes

Les réflexions internes sont abondantes et nuancées de couleur brune à orangée caractéristique.

Faciès, structure, clivage

Souvent automorphes, on observe :

– Des agrégats des cristaux en aiguilles parallèles.

– Des clivages fréquemment visibles.

Tests microchimiques

Reconnaissance : Les réactifs courants sont sans effets.

Associations fréquentes

Le rutile s'observe en associations fréquentes avec :

– La magnétite, l'oligiste, et l'ilménite.

Usages

Les usages du titane (Ti) extrait du rutile sont semblables à ceux du titane (Ti) extrait de l'ilménite.

OR
(Système cubique)

Formule chimique : Au

L'or contient souvent et par ordre d'importance :

– De l'argent (Ag), avec 30 à 40 % d'Ag, et s'appelle « électrum », avec 80 % d'Ag, il s'appelle « küstéllite ».

– Du cuivre.

– Du bismuth (Bi), du platine (Pl), du mercure (Me).

Poli

Rarement, les sections polies de l'or s'observent sans arrachements. Généralement, elle est guillochée et striée en tous sens.

Dureté

Sa dureté est moyenne, peu inférieure à celle de la chalcopyrite.

Pouvoir réflecteur

L'or a un très fort pouvoir réflecteur qui est de l'ordre de 73,4 %.

Couleur

L'or est jaune :

– Le jaune est d'autant plus clair que sa teneur en argent augmente (cf. de l'or blanc des bijoutiers).

– Il est plus clair que la chalcopyrite.

Anisotropie

L'or est isotrope, mais les arrachements peuvent donner de fausses impressions d'anisotropie.

Faciès, structures, clivages

On assiste souvent à l'observation :

– des dendrites pouvant présenter une structure zonaire ;

– des squelettes aurifères dans la nickéline ou dans rammelsbergite ;

– des masses xénomorphes ;

– des inclusions d'or dans l'argyrose.

Tests microchimiques

Reconnaissance :

– HNO_3 : L'utilisation de l'acide nitrique produit de l'effervescence et le noircissement.

– HCl : L'utilisation de l'acide chlorhydrique produit des effets douteux.

– KCN : L'utilisation de cyanure produit une très légère action.

– $FeCl_3$: L'utilisation du chlorure ferrique produit des taches irisées à noires demeurant après nettoyage au chiffon.

– $HgCl_2$: L'utilisation du chlorure de mercure produit des taches grises.

Associations fréquentes

Fréquemment, on rencontre les minéraux d'argent associés la rammelsbergite, à la chalcopyrite, à la nickéline et à la bismuthine.

Usages

Depuis l'époque préhistorique, l'argent a été utilisé dans la bijouterie et dans les arts d'ornementation.

– Sa facilité de travail, sa malléabilité, sa ductibilité accentuent son intérêt à cet égard.

– Ses alliages avec le cuivre augmentent sa résistance.

– L'argenture par galvanoplastie a permis le développement d'objets argentés à usage de bijouterie, de vaisselle de table et d'objets d'ornementation.

– La frappe de monnaies d'argent a été très importante dans les siècles récents. Sa suppression par beaucoup de pays a été occasionnée par des fluctuations des cours pour l'utiliser comme étalon monétaire.

– Utilisations industrielles basées sur les propriétés chimiques de l'argent.

L'argent ne s'oxyde pas à la température ordinaire ou sous l'effet d'étincelles électriques. Il résiste à de nombreux agents chimiques : Ammoniac, alcalins caustiques, acides acétiques et citriques, etc. L'action de la lumière sur les halogénures d'argent est la base de la photographie.

– Une autre série d'usages reposent sur son excellente conductibilité thermique et électrique ; enfin sur la possibilité de fabriquer des alliages de brasure à l'argent (inaltérables et résistants même à la température assez élevée). Les métaux mis en jeu pour ces différents alliages sont : Cu, Pb, Sn, Zn, Cd, W, Mo, Li, Mn, Th.

– Utilisations artistiques et industrielles pour :

* Objets d'ornement et de luxe (bijouterie, ustensiles et vaisselles).

* Photographie et cinéma.

* Revêtements galvanoplastiques.

* Pièces pour des instruments des appareils en argent (avions à réaction, missiles et projecteurs spatiaux, instruments de chirurgie, appareillages électroniques en rapport avec les contacts, les coupes circuits, les revêtements conducteurs inaltérables).

MARGYRITE
(Système monoclinique)

Formule chimique : As_2S, Sb_2S_3

Poli

Le poli de la margyrite est bon comme celui de la pyrargyrite.

Dureté

La dureté de la margyrite est faible. Elle est inférieure à celle de la galène, mais elle est analogue à celle de la pyrargyrite ; elle reste très supérieure à celle de l'argyrose.

Pouvoir réflecteur

Le pouvoir réflecteur de la margyrite est de l'ordre de 43 %.

Couleur

La couleur de la margyrite est blanche.

– Elle est semblable à celle de la galène, mais plus sombre.

– Elle est bleutée et plus claire à côté de la freibergite.
– Elle est plus blanche que la pyrargyrite.
– Elle est marquée par un léger pléochroïsme.

Anisotropie :

La margyrite a une anisotropie assez forte dans les tons gris, gris bleuté et brun.

Macles

On observe très rarement des macles polysynthétiques dans les freibergites.

Réflexions internes

Elles sont rares, mais quand on les observe, on a des couleurs rouge framboise.

Tests microchimiques

Reconnaissance :

– HNO_3 : L'utilisation de l'acide nitrique est sans effets.

– KCN : L'utilisation du cyanure produit lentement des taches gris-noir.

– KOH : Son utilisation produit rapidement des taches irisées, fortes attaques après trois minutes.

Associations fréquentes

Fréquemment, on rencontre la margyrite en association avec la pyrargirite, la freibergite, la blende, le mispickel, la polybasite, la galène.

Usages

Pour ce qui concerne ses usages en rapport avec l'As, il faut se référer à ceux des cuivres-gris.

Pour ce qui concerne ses usages en rapport Sb, il faut voir ceux des cuivres-gris aussi.

Pour ce qui concerne ses usages en rapport avec le S, il faut voir ceux de la pyrite.

POLYBASITE-PÉARCÉITE OU ARGENT NOIR (Système monoclinique pseudohexagonal)

Formule chimique : $8Ag_2S, (Sb, As)_2S_3$

Les argents noirs forment une série isomorphe dont les termes extrêmes sont les suivants :

– Polybasite : $8Ag_2S\ Sb_2S_3$.

– Péarcèite : $8Ag_2S\ As_2S_3$.

L'argent peut être remplacé isomorphiquement par le cuivre dans des proportions allant jusqu'à 30 %.

Poli

Le poli est moyen et présente des stries.

Dureté

La dureté est faible, elle est inférieure à celle de la galène.

Pouvoir réflecteur

Selon la composition chimique, le pouvoir réflecteur est de l'ordre de 30,2 à 34,9 %.

Couleur et pléochroïsme

La couleur est gris clair, légèrement nuancée de vert. On observe un très léger pléochroïsme, en immersion.

Anisotropie

Les termes riches en cuivre et en arsenic ont une anisotropie plus forte.

Réflexions internes

Elles sont peu abondantes, dans les tons rouges soutenus et elles ne s'observent qu'avec un examen attentif du minéral.

Faciès, structure, clivage

On observe souvent :

– Des fines baguettes (Polybasites).

– Des cristaux assez souvent xénomorphes.

– Des cristallisations généralement fines.

Tests microchimiques

Reconnaissance :

– L'utilisation de KCN produit un noircissement rapide.

– L'utilisation de l'eau régale produit de l'effervescence avec attaque profonde colorée en noir.

– L'utilisation des réactifs HNO_3, HCl, $FeCl_3$ produit des effets douteux.

– L'utilisation de $HgCl_2$ produit des taches irisées ou noires.

– L'attaque rapide de la lumière de l'arc au carbone sur la section, celle-ci devient grise.

Associations fréquentes

La polybasite est souvent associée à la galène, à la pyrite et aux sulfosels d'argent.

Usages

Pour ce qui concerne ses usages en rapport avec l'argent, il faut voir les usages de l'argent.

Pour ce qui concerne ses usages en rapport avec Sb, il faut voir les usages de ce métal en rapport avec les cuivres gris.

Pour ce qui concerne ses usages en rapport avec As, il faut voir les usages des cuivres gris.

Pour ce qui concerne ses usages en rapport avec le S, il faut voir ceux de la pyrite.

Depuis l'époque préhistorique, il a été employé pour la fabrication des bijoux et des objets d'art et d'ornementation.

PYRARGYRITE OU ARGENT ROUGE FONCÉ (Système hexagonal)

Formule chimique : $3Ag_2S, Sb_2S_3$

Aux basses températures, la pyrargyrite est très légèrement miscible à la proustite.

Poli

Le poli est bon.

Dureté

La dureté est faible, elle est inférieure à celle de la galène, mais elle est très supérieure à celle de l'argyrose.

Pouvoir réflecteur

Le pouvoir réflecteur de la pyrargyrite est de l'ordre de 30,9 %.

Couleur et pléochroïsme

- La couleur est gris bleuté.
- Elle est assez similaire à celle de la proustite.
- Elle est bleu-grisâtre à côté de la galène.
- Elle est nettement bleue à côté de la miargyrite.
- Le pléochroïsme est léger.

Anisotropie :

L'anisotropie est forte, dans tons gris clair à gris foncé.

Macles

On observe fréquemment des macles lamellaires.

Réflexions internes

Elles sont assez fréquentes, dans les tons rouge carmin foncé.

Faciès, structure, clivage

On observe souvent une structure zonaire développée par attaque.

Tests microchimiques

Reconnaissance :

– L'utilisation de KCN produit des taches gris-noir.

– L'utilisation des réactifs HNO_3 est souvent sans effets.

– L'utilisation de $FeCl_3$ produit lentement des taches brunes.

– L'attaque rapide de la lumière de l'arc au carbone sur la section, celle-ci devient grise, mais moins rapide que chez la pyrargyrite.

Associations fréquentes

La proustite est souvent associée à la galène, à la pyrargyrite, à la freibergite.

Usages

Pour ce qui concerne ses usages en rapport avec l'argent, il faut voir ceux de l'argent.

Pour ce qui concerne ses usages en rapport avec l'As, il faut voir les usages des cuivres gris.

Pour ce qui concerne ses usages en rapport avec le S, il faut voir ceux de la pyrite.

STÉPHANITE
(Système orthorhombique)

Formule chimique : $5Ag_2S, Sb_2 S_3$

Poli

Le poli est bon.

Dureté

La dureté est faible, elle est à peine supérieure à celle des argents rouges, mais elle est nettement supérieure à celle de l'argyrose.

Pouvoir réflecteur

Le pouvoir réflecteur est de l'ordre de 29,7 %.

Couleur et pléochroïsme

La couleur est blanc grisâtre, nuancée d'une pointe de rosé. On observe un très léger pléochroïsme, en immersion.

Anisotropie

L'anisotropie est moyenne, dans les tons violet sombre à gris verdâtre.

Macles

Les macles polysynthétiques sont fréquentes, très fines. On peut observer deux systèmes de macles.

Faciès, structure, clivage

On observe des faciès xénomorphes en général.

Tests microchimiques

Reconnaissance :

– L'utilisation de KCN produit des taches sombres à noirâtres.

– L'utilisation de KOH produit des taches irisées à noires.

– L'utilisation des réactifs HCl, Cl_3Fe reste sans effet.

– L'utilisation de la lumière produit une attaque lente, parfois douteuse.

Associations fréquentes

La stéphanite est souvent associée aux argents rouges et noirs, à la pyrite, à la blende, à la chalcopyrite.

Usages

Pour ce concerne ses usages en rapport avec l'argent, il faut voir les usages de l'argent. Pour ce qui concerne ses usages en rapport avec Sb, il faut voir ceux des cuivres gris.

Pour ce qui concerne ses usages en rapport avec le S, il faut voir ceux de la pyrite.

ARGYROSE
(Système cubique ou monoclinique)

(Système cristallin : Monoclinique aux basses températures et Cubique au-delà de 179 °C)

Formule chimique : AgS_2

Les études chimiques montrent qu'il existe une certaine teneur en cuivre dans l'argyrose et que celle-ci n'est pas dispersée dans le réseau cristallin.

Poli

Le poli est mauvais, on observe de nombreuses stries sur la section polie.

Dureté

La dureté est très faible, c'est le plus tendre de tous les minéraux courants des gîtes miniers.

Pouvoir réflecteur

Le pouvoir réflecteur est de l'ordre de 31,6 %.

Couleur et pléochroïsme

La couleur est gris claire, nuancée d'une pointe de vert.

– Elle est beaucoup plus sombre et gris verdâtre à côté de la galène.

– Elle est peu différente de celle de polybasite.

– Elle est plus nettement verte à côté de l'argent.

Anisotropie

L'anisotropie est très faible, certaines sections sont isotropes.

Macles

Les macles sont assez fréquentes bien qu'assez difficiles à observer (il s'agit de macles polysynthétiques).

Tests microchimiques

Reconnaissance :

– L'utilisation de HNO_3 produit, parfois, des attaques légères.

– L'utilisation de KCN produit des taches grises à noires.

– L'utilisation des réactifs $FeCl_3$ produit des taches grises à noires.

– L'utilisation de HCl produit des taches brunes non effaçables avec un chiffon.

– L'utilisation de $HgCl_2$ produit rapidement des irisations.

– L'utilisation de la lumière de l'arc attaque très rapidement la surface de la section polie en la noircissant.

Associations fréquentes

L'argyrose est souvent associée aux argents rouges et noirs, à la covelline et à la bismuthine.

Usages

Pour ce qui concerne ses usages en rapport avec l'argent, il faut voir les usages de l'argent.

Pour ce qui concerne ses usages en rapport avec S, il faut voir ceux de la pyrite.

BOURNONITE
(Système orthorhombique)

Formule chimique : $2PbS,Cu_2S,Sb_2S_3$

Dans des rares cas, il y a remplacement isomorphique de Sb par As, dans une proportion qui peut atteindre 1/4.

Poli

Le poli est très bon.

Dureté

La dureté est faible, elle se trouve entre celle de la galène et celle de la chalcopyrite.

Pouvoir réflecteur

Le pouvoir réflecteur est de l'ordre de 35,5 %.

Couleur et pléochroïsme

La couleur est blanche, légèrement nuancée de bleu ou de bleu-vert.

- Elle est vert bleuté, et plus sombre à côté de la galène.
- Elle est bleue, plus claire à côté de la tétraédrite.
- Elle est plus sombre que la boulangérite.
- Elle a un faible pléochroïsme.

Anisotropie

L'anisotropie est faible, dans les tons bleu pâle, gris verdâtre, jaune brunâtre, brun sombre, pourpre.

Macles

Les macles polysynthétiques sont fréquentes, et elles appartiennent à deux systèmes perpendiculaires se coupant à 90°, ce qui donne un aspect de marqueterie à la section.

Faciès, structure, clivage

En utilisant le BrH concentré, on peut développer la structure.

Tests microchimiques

Reconnaissance :

– L'utilisation de HNO_3 ne produit que des effets douteux.

– On notera que la bournonite est le seul minéral qui est attaqué par la préparation suivante : une partie de la solution saturée de K_2CrO_4 ajoutée dans trois parties de solution d'azolitmine (1 gramme d'azolitmine solide dans 20 cl d'eau) en présence de 2 cl de KOH pur qui doit être neutralisé par HCl (environ 2 cl). La solution en question est amenée, ensuite, à 200 cl. Cette préparation produit sur la bournonite quelques bandes bleues qui s'intensifient durant les vingt premières secondes ; le bleu tourne ensuite au vert, au jaune et au rouge. Après une minute d'attaque, la surface attaquée est couverte de bandes de couleurs variées, non effaçables au chiffon. Une attaque plus longue provoque un dépôt jaune de chromate de plomb sur la bournonite. Aucun autre minéral ne produit de semblables effets.

Associations fréquentes

La bournonite est souvent associée, sous forme d'inclusions, dans la galène et à la bordure de tétraédrite-galène.

Usages

Pour ce qui concerne ses usages en rapport avec le plomb (Pb), il faut voir les usages du plomb dans la blende.

Pour ce qui concerne ses usages en rapport avec Cu, il faut voir ceux du cuivre de la chalcopyrite.

Pour ce qui concerne ses usages en rapport avec Sb, il faut voir ceux de cet élément dans les cuivres gris.

Pour ce qui concerne ses usages en rapport avec le S, il faut voir ceux du soufre de la pyrite.

JAMESONITE
(Système monoclinique)

Formule chimique : $4PbS$, FeS, $3Sb_2S_3$

Poli

Le poli est bon.

Dureté

La dureté est faible, elle est inférieure à celle de la galène.

Pouvoir réflecteur

Le pouvoir réflecteur est de l'ordre de 37,7 %.

Couleur et pléochroïsme

– La jamesonite a un fort pléochroïsme dans les blancs.

– Elle est blanche, légèrement nuancée de vert, ou sensiblement identique à la galène, selon l'orientation du minéral.

– Elle est blanche, nettement plus claire, parfois verdâtre, à côté de celle de la stibine.

Anisotropie

Elle a une forte anisotropie, dans les tons gris, bruns, bleu clair à bleu foncé.

Macles

Les macles polysynthétiques sont fréquentes en lamelles parallèles à l'allongement des cristaux (différence avec la stibine).

Faciès, structure, clivage

On observe des clivages parallèles à l'élongation des cristaux (différent de la boulangérite). Les cristaux se présentent souvent en forme d'aiguilles.

Associations fréquentes

La bournonite est souvent associée à la blende, à la galène et à la tétraédrite.

Usages

Pour ce qui concerne ses usages en rapport avec Sb, il faut voir ceux des cuivres gris.

Pour ce qui concerne ses usages en rapport avec le Pb, il faut voir ceux de la blende.

Pour ce qui concerne ses usages en rapport avec le Fe, il faut voir ceux de la goethite.

Pour ce qui concerne ses usages en rapport avec S, il faut voir ceux de la pyrite.

BOULANGÉRITE
(Système monoclinique)

Formule chimique : 5PbS, $2Sb_2S_3$

Poli

Le poli est bon.

Dureté

La dureté est faible, elle est inférieure à celle de la galène.

Pouvoir réflecteur

Le pouvoir réflecteur est de l'ordre de 39,4 %.

Couleur et pléochroïsme

– La boulangérite a un assez net pléochroïsme, dans les blancs, mais plus faible que celui de la jamesonite.

– Elle est de couleur blanche, légèrement nuancée de vert bleuté.

– Elle est grisâtre à côté de la galène.

– Elle est légèrement plus claire que la stibine.

Anisotropie

L'anisotropie est forte, dans les tons bruns ou gris bleuté. Elle a une extinction droite.

Faciès, structure, clivage

On observe des cristaux en aiguilles ou tabulaires, inclus dans les minéraux accompagnateurs. Aussi, on observe des agrégats fibreux ou granulaires.

Tests microchimiques

Reconnaissance :

– L'utilisation de HNO_3 produit de l'effervescence et noircissement.

– L'utilisation de HCl produit des effets douteux.

– L'utilisation de l'eau régale produit de l'effervescence et le noircissement comme HNO_3, mais ici, la réaction est plus rapide.

Associations fréquentes

La boulangérite est souvent associée à la blende, à la chalcopyrite, à la bournonite, à la stannine, à la tétraédrite et au mispickel bien que plus rarement.

Usages

Pour ce qui concerne ses usages en rapport avec le plomb, il faut voir les usages de la blende.

Pour ce qui concerne ses usages en rapport avec Sb, il faut voir ceux des cuivres gris.

Pour ce qui concerne ses usages en rapport avec S, il faut voir ceux de la pyrite.

STIBINE
(Système orthorhombique)

Formule chimique : Sb_2S_3

Poli

Le poli est bon.

Dureté

La dureté est faible, elle est inférieure à celle de la galène.

Pouvoir réflecteur

Le pouvoir réflecteur est de l'ordre de 42 %, parallèlement à l'axe a.

Il est de l'ordre de 27 %, parallèlement à l'axe b.

Il est de l'ordre de 48 %, parallèlement à l'axe c (d'après J. Orcel, 1928).

Couleur et pléochroïsme

– La stibine présente un fort pléochroïsme allant du blanc à blanc grisé.

– Elle est légèrement plus sombre et plus crème que la galène.

– Elle est plus sombre et moins crème que la bismuthine.

Anisotropie

L'anisotropie est très forte, dans les tons bleus et gris-blanc, brun, brun-rose. Elle a une extinction droite.

Macles

On rencontre fréquemment des macles polysynthétiques perpendiculaires à l'allongement du cristal.

Faciès, structure, clivage

On observe :

– Des structures zonaires liées à la croissance, parfois révélées par attaque.

– Des cristaux souvent fibreux, en aiguilles, les agrégats de cristaux xénomorphes existent aussi.

On peut développer la structure avec KOH.

Tests microchimiques

Reconnaissance :

– L'utilisation de HNO_3 produit un noircissement immédiat.

– L'utilisation de HCl produit des effets douteux.

– L'utilisation de KCN produit une forte attaque (apparition des couleurs).

– L'utilisation de KOH produit immédiatement des taches brunes.

Associations fréquentes

– La stibine est rarement associée.

– Parfois, la stibine est associée à la blende et à la pyrargyrite.

– Rarement, elle est associée au mispickel, tétraédrite, énargite, famatite, or.

Usages

Pour ce qui concerne ses usages en rapport avec Sb, il faut voir ceux des cuivres gris.

Pour ce qui concerne ses usages en rapport avec S, il faut voir ceux de la pyrite.

BISMUTHINE
(Système orthorhombique)

Formule chimique : Bi_2S_3

En général, la bismuthine est pure. Le S est rarement remplacé par le Se.

Poli

Le poli, en général, est bon.

Dureté

La dureté est assez faible, elle est légèrement supérieure à celle de la galène.

Pouvoir réflecteur

Le pouvoir réflecteur est de l'ordre de 41 %.

Couleur et pléochroïsme

– La bismutine a un assez net pléochroïsme allant de blanc au blanc bleuté et blanc jaunâtre.

– Elle est gris bleuté à côté du bismuth.

– Elle est blanc crème à côté de la galène.

– Elle est plus claire que la stibine.

Anisotropie

L'anisotropie est forte, dans les tons gris olivâtre, avec extinction souvent onduleuse.

Macles

On observe des macles lamellaires, dues plutôt à des contraintes.

Faciès, structure, clivage

On observe des cristaux fibreux aciculaires.

Tests microchimiques

Reconnaissance :

– L'utilisation de HNO_3 produit de l'effervescence et un noircissement.

– L'utilisation de HCl produit des effets douteux.

– L'utilisation de $HgCl_2$ produit des taches brunes, mais parfois, sans effet.

Associations fréquentes

La bismuthine est souvent associée au mispickel et au bismuth.

Usages

Les usages du Bi, pour l'essentiel, sont ceux liés à la fabrication des alliages destinés à des fusibles, à la soudure.

Elle est aussi utilisée pour la fabrication des produits pharmaceutiques.

On notera aussi que les redresseurs au sélénium comportent l'emploi du bismuth.

Pour ce qui concerne ses usages en rapport avec S, il faut voir ceux de la pyrite.

BISMUTH
(Système rhomboédrique)

Formule chimique : Bi

Le bismuth est très pur, il contient parfois un peu d'As et de Te.

Poli

Le poli est assez bon.

Dureté

La dureté est très faible, elle est inférieure à celle de la bismuthine.

Pouvoir réflecteur

Le pouvoir réflecteur est de l'ordre de 71,3 %.

Couleur et pléochroïsme

– Le bismuth est blanc à blanc crème.

– La surface polie ternit rapidement, et devient rosée, puis brune.

– Il est légèrement plus crème que l'argent.

– Il est plus blanc que la nickéline.

– Au contact du bismuth, les minéraux suivants prennent les couleurs ci-dessous indiquées :

* Au contact de la chalcopyrite, il est vert olive grisâtre
* Au contact de la pyrrhotine, il est brun crème sale
* Au contact de la bismuthine, il est blanc grisâtre
* Au contact de la skutérudite, de la safflorite, de la rammelsbergite, il est blanc.

Anisotropie

L'anisotropie est moyenne. On observe des stries de polissage qui du reste gênent l'observation.

Macles

Fréquentes, les macles sont souvent entrecroisées, donnant à la section une allure de marqueterie rappelant l'allure du microcline en pétrographie.

Tests microchimiques

Reconnaissance :

– L'utilisation de HNO_3 produit de l'effervescence (rare) et un noircissement.

– L'utilisation de HCl produit un lent noircissement.

– L'utilisation de $FeCl_3$ produit immédiatement des taches irisées à noires.

– L'utilisation de l'eau régale produit un rapide noircissement et une profonde attaque.

Associations fréquentes

Le bismuth est souvent associé à la bismuthine, à la pyrite, à la blende, à la chalcopyrite, à la pyrrhotine et à la pechblende.

Usages

Pour ce qui concerne les usages du Bi, il faut voir les usages de la bismuthine.

MOLYBDÉNITE
(Système hexagonal)

Formule chimique : MoS_2

Bien qu'isomorphe de la tungsténite (WS_2) et bien qu'elle est souvent associée à des minéraux du tungstène, la molybdénite ne contient pratiquement pas de tungstène.

Poli

La molybdénite présente un mauvais poli.

Dureté

La dureté de la molybdénite est moyenne, elle est analogue à celle de la chalcopyrite.

Pouvoir réflecteur

Le pouvoir réflecteur de la molybdénite est de l'ordre de 42 % perpendiculairement à l'axe sénaire et de l'ordre de 20 % parallèlement à l'axe sénaire.

Couleur et pléochroïsme

– La molybdénite présente un très fort pléochroïsme dans les tons blancs, blanc à gris bleuté.

– Elle est bien plus claire que le graphite.

Anisotropie

L'anisotropie est très forte, dans les tons blancs, à 45° de la position d'extinction, la couleur, blanche avec une pointe de rose devient bleu foncé si l'on décroise légèrement les nicols.

Faciès, structure, clivage

On notera, ici, que des déplacements de lamelles dues à des efforts donnent souvent une apparence de macles, et de ce fait entraînent des extinctions onduleuses.

On observe aussi des clivages dus au polissage.

Tests microchimiques

Tous les réactifs usuels sont sans effets.

Associations fréquentes

Fréquemment, la molybdénite s'observe associée à la cassitérite et au wolframite.

Usages

On notera que les 90 % du Mo sont utilisés en sidérurgie.

Le Mo est utilisé :

– Pour la fabrication des aciers spéciaux. Pour cela, souvent, on l'utilise en alliage avec le Cr ou le Ni. Il s'agit des aciers utilisés pour les voitures, les avions et les missiles. Il est utilisé pour les aciers qui servent à la fabrication des soupapes, résistants à 1 000 °C. Aussi, il est utilisé pour la fabrication des aciers durs servant à la fabrication des roulements à billes, blindages. La moyenne de Mo utilisé pour ces aciers est de 0,3 %, mais certains en contiennent jusqu'à 2 %, c'est le cas des satellites. On l'utilise également pour fabriquer des alliages riches en W et Mo.

– Pour la fabrication des fentes grises pour des blocs de moteurs, des cylindres de laminoirs, des boulets de broyeurs.

– Pour la fabrication des alliages non ferreux, pour la fabrication des filaments de lampes électriques et des lampes de radio, des anticathodes d'ampoules à R.X., des pièces d'équipement électrique, d'électrodes de bougies d'allumage, des couples thermoélectriques W-Mo, des fours électriques à résistances.

WOLFRAMITE
(Système monoclinique)

Formule chimique : WO_4 (Fe, Mn)

Le wolframite est un terme moyen d'une série isomorphe dont les extrémités sont : ferbérite (WO_4Fe) et Hübnérite (WO_4Mn).

Poli

Le poli du wolframite est bon, mais il reste des petits ovoïdes sur la section polie.

Dureté

La dureté du wolframite est moyenne, elle est nettement inférieure à celle de pyrite, mais elle reste supérieure à celle de la magnétite.

Pouvoir réflecteur

Le pouvoir réflecteur du wolframite est de l'ordre de 18 %. Pour les variétés Ferbérigite, il est de l'ordre de 17,9 %, alors que pour le wolframite elle-même, il est de 18,1 % et pour la hübnérite, il est de 17,1 %.

Couleur et pléochroïsme

Le wolframite est gris :

- Semblable à la blende
- À peine elle est plus sombre que la magnétite
- Elle est plus claire que la cassitérite
- Elle est gris brunâtre à côté de la chalcopyrite
- Elle présente un faible pléochroïsme dans l'huile.

Anisotropie

L'anisotropie du wolframite est faible, devenant moyenne pour les termes manganésifères de la série.

Elle a des couleurs allant des tons gris sombre aux gris nuancés de violet ou de vert.

Son extinction est oblique.

Macles

Ils sont fréquents, polysynthétiques.

Faciès, structure, clivage

Les clivages sont souvent visibles.

La structure zonaire est fréquemment observée.

Fréquemment, on observe des cristaux tabulaires automorphes.

Tests microchimiques

Tous les réactifs usuels sont sans effets.

Associations fréquentes

Fréquemment, le wolframite est fréquemment associé au mispickel et à la chalcopyrite.

En zone oxydée, elle est souvent associée à la scheelite.

Usages

Le principal usage du tungstène (W) est celui de la fabrication des aciers spéciaux. Les alliages vont de 1 % à 20 % de W. Les catégories les plus importantes sont celles des aciers à coupe rapide pour les outils. Le point de fusion extraordinairement élevé du W (3 400 °C) a conduit à utiliser ce métal pour la fabrication des filaments des lampes à incandescence et pour diverses applications en électronique. Le carbure de tungstène sert à fabriquer du métal dur pour armer les outils de perforation.

CASSITÉRITE
(Système quadratique)

Formule chimique : SnO_2

Elle contient des petites quantités de fer (Fe), de niobium (Ni) et de tantale (Ta).

Poli

La cassitérite présente un mauvais poli, en général.

Dureté

La cassitérite est très tendre, elle a une dureté supérieure à la pyrite.

Pouvoir réflecteur

Le pouvoir réflecteur de la cassitérite est de l'ordre de 12,9 %.

Couleur et pléochroïsme

La cassitérite est grise. Elle est plus sombre que la blende et que le wolframite.

Elle présente un très faible pléochroïsme de réflexion.

Macles

La cassitérite présente, souvent, des macles simples.

Anisotropie

L'anisotropie de la cassitérite est moyenne et souvent elle est masquée par des réflexions internes. Les réflexions internes, fréquentes, sont dans les tons blancs, jaune clair à jaune brunâtre.

Tests microchimiques

Les réactifs usuels sont sans effets.

L'utilisation d'une goutte de HIH additionnée d'un fragment de Zn produit un film d'étain métallique sur la surface après 5 minutes. Après la dissolution de l'étain par l'acide nitrique, la surface attaquée apparaît (test négatif sur le wolframite et sur l'uraninite).

Associations fréquentes

Fréquemment, la cassitérite s'observe fréquemment associée à la pyrite, au mispickel, à la blende et le wolframite.

La cassitérite contient souvent des petites inclusions ferro-manganésifères (Fe, MnO) et de Niobo-tantalite (Ta, $Nb)_2O_5$, légèrement plus claires que la cassitérite.

Usages

L'usage principal de l'étain est la fabrication du fer-blanc ou du fer étamé, qui sert pour des récipients de matières variées, notamment de conserves alimentaires.

L'étain est utilisé pour fabriquer des alliages de soudures.

Il est aussi utilisé pour l'industrie mécanique pour les automobiles et pour toutes espèces de moteurs. La fabrication d'alliages pour antifriction : l'étamage d'ustensiles de ménage et une série d'alliages pour objets bon marché d'usage courant.

Il est également utilisé pour la fabrication des boîtes de conserve, l'étain est irremplaçable à cause de ses qualités de non-toxicité, sa résistance aux corrosions chimiques, sa souplesse, etc.

GRAPHITE
(Système hexagonal)

Formule chimique : C

Poli

Le poli est généralement très mauvais.

Dureté

Sa dureté est moyenne, elle est analogue à celle de la molybdénite.

Pouvoir réflecteur

Le pouvoir réflecteur est de l'ordre de 5 % parallèlement à l'axe sénaire et de l'ordre de 23 % perpendiculairement à l'axe sénaire.

Couleur et pléochroïsme

Le pléochroïsme est fort, dans les tons gris à gris nuancé de brun à gris bleuté.

Il est plus sombre que la molybdénite.

Selon la position des axes, il est plus sombre ou plus clair que la blende.

Anisotropie

L'anisotropie du graphite est forte, dans les tons jaune-paille à gris violacé.

Faciès, structure, clivage

Le déplacement de lames, les unes par rapport aux autres lors du polissage, donne une extinction onduleuse faisant penser aux macles.

Tests microchimiques

Tous les réactifs usuels sont sans effets.

Associations fréquentes

Le graphite s'observe rarement en association avec la blende, l'argent, la pyrite.

Usages

Les usages du graphite se basent principalement sur la réfractivité et les propriétés physiques du graphite. Ils dépendent donc de la teneur en cendres et de l'état physique des divers graphites.

Le graphite le moins pur (8 à 14 % et même davantage de cendres) sert à la fabrication des crayons dits à mine de plomb, ou à fabriquer des peintures noires antirouille, des enduits dans des moules de fonderies et des revêtements réfractaires, et à la pâte d'entretien des fourneaux.

Le graphite plus pur (6 à 8 % de cendres) s'utilise comme lubrifiant seul ou mêlé des hautes.

Les variétés cristallines servent à la fabrication des creusets de métallurgie. Le graphite substance hautement résistante (inaltéré à 600 °C dans l'oxygène), en fusible (3 800 °C) et très conductrice de la chaleur. Ce qui permet son utilisation en spectrographie optique. La fabrication des creusets : pâte d'argiles très réfractaire ou des terres rares plus de 25 à 30 % du graphite.

Les variétés plus pures : (1 % de cendres) servent pour la fabrication des piles sèches des batteries électriques, d'électrodes d'appareils électriques, de balais de dynamo. Le graphite atomique sert pour les réacteurs.

MANGANITE

Formule chimique : MnO (OH)

Bien qu'isomorphe de la tungsténite (WS_2) et bien qu'elle est souvent associée à des minéraux du tungstène, le manganite ne contient pratiquement pas de tungstène.

Poli

Les cristaux non altérés peuvent prendre un bon poli, avec très peu d'arrachements.

Dureté

La dureté du manganite est assez grande, mais elle reste inférieure à celle de la magnétite.

Pouvoir réflecteur

Le pouvoir réflecteur du manganite est de l'ordre de 19,0 % à 31,4 %.

Couleur et pléochroïsme

Sa couleur est blanc grisâtre à gris brunâtre.

Les sections parallèles à l'allongement présentent un net pléochroïsme. Par contre, ailleurs le pléochroïsme est faible.

Anisotropie

L'anisotropie du manganite est forte, dans les tons gris bleutés à gris jaunâtres, pour les sections parallèles à l'allongement. Ces couleurs sont différentes de celles que montrent les autres minéraux du manganèse.

L'extinction est droite.

Réflexions internes

On observe des réflexions internes rouge sang, plus nettement visibles à l'immersion et dans les sections parallèles à (010).

Faciès, structure, clivage

On observe des clivages parallèles à (010) et (110).

On observe souvent des cristaux en aiguilles ou des cristaux prismatiques, rarement rassemblés en touffes à textures radiées.

Tests microchimiques

L'utilisation de HCl produit une action douteuse.

L'utilisation de $SnCl_2$ produit un noircissement, sauf pour les sections parallèles à l'axe C.

L'utilisation de $H_2O_2 + H_2SO_4$ produit une faible attaque des sections parallèles à l'axe C, et développe les clivages des sections basales.

Associations fréquentes

Le manganite s'altère en pyrolusite en commençant fréquemment par le milieu des prismes de manganite, dans la direction de l'axe.

Usages

Le manganèse a une importance essentielle en sidérurgie, soit pour, la fabrication des fontes et des aciers ordinaires, soit des aciers spéciaux. Les teneurs du Mn dans les aciers courants sont de l'ordre de 0,5 % et dans les aciers spéciaux où il accroît la résistance de la corrosion, soit de 1 à 2 % et ça peut aller jusqu'à 13 % dans les aciers à haute teneur de la fonte, peut réduire la consommation de manganèse.

L'utilisation chimique du Mn pour la production des piles électriques, des verreries, des réactions diverses où le pouvoir oxydant du dioxyde de manganèse intervient.

POLIANITE
(Système quadratique)

Formule chimique : MnO_2

On appelle « pyrolusite » la pseudomorphose complète du manganite en polianite.

Poli

Le poli assez difficile à obtenir est assez moyen.

Dureté

La dureté de la polianite est variable, selon l'orientation des cristaux et le type d'agrégat cristallin. Elle peut être analogue à celle de la braunite.

Pouvoir réflecteur

Le pouvoir réflecteur de la polianite est de l'ordre de 42 % parallèlement à l'axe quaternaire et de l'ordre de 31 % perpendiculairement à l'axe quaternaire.

Couleur et pléochroïsme

Sa couleur est blanche nettement nuancée de jaune.

Le pléochroïsme est net.

Anisotropie

L'anisotropie est forte, dans les tons jaunes, brun jaunâtre, bleu verdâtre, gris ardoise.

On observe une extinction droite. On doit noter aussi que lorsque les agrégats sont très fins, ils peuvent paraître isotropes.

Macles

Les macles sont fréquentes et elles peuvent être simples ou polysynthétiques.

Faciès, structure, clivage

On observe fréquemment des clivages parallèles à (110), correspondant à la direction du pouvoir réflecteur maximum des sections.

Les agrégats finement grenus montrent des prismes irréguliers s'entrecroisant.

Tests microchimiques

L'utilisation de HCl produit une action douteuse.

L'utilisation de $FeCl_3$ dans le HCl produit rapidement un noircissement.

L'utilisation de $SnCl_2$ dans HCl produit un noircissement instantané (ceci montre la différence avec les autres oxydes de manganèse.)

L'utilisation de H_2O_2 produit une effervescence sans attaque.

L'utilisation de H_2O_2 + SO_4M_2 produit des taches noires.

Associations fréquentes

La polianite est fréquemment en association avec le manganite, le psilomélane, la braunite, la magnétite, l'oligiste.

Usages

Il faut voir les usages du Mn dans le manganite.

HAUSMANNITE
(Système quadratique)

Formule chimique : Mn_3O_4

Poli

Son poli est assez bon.

Dureté

La dureté de l'hausmannite est assez grande, elle est supérieure à celle du manganite.

Pouvoir réflecteur

Le pouvoir réflecteur de l'hausmannite est de l'ordre de 19,6 %.

Couleur

L'hausmannite a une couleur grise.

Le pléochroïsme est visible dans l'huile.

Anisotropie

L'anisotropie est moyenne, dans les tons brun jaunâtre, jaune, gris clair ou gris bleuté.

Une extinction peu nette.

Macles

Assez fréquentes, les lamelles de macles sont de longueurs irrégulières, et se recoupent parfois (ce sont des macles polysynthétiques peu régulières.)

Réflexions internes

On observe des réflexions internes rouge sang, surtout en immersion et dans les sections basales.

Tests microchimiques

L'utilisation de HNO_3 produit une attaque très faible.

L'utilisation de HCl produit des taches brun clair ou sans effets.

L'utilisation de $SnCl_2$ produit un noircissement et un développement des fines stries.

L'utilisation de H_20_2 +H_2SO_4 produit un noircissement accompagné des fines stries.

L'utilisation de H_2O_2 produit de l'effervescence sans attaque.

Associations fréquentes

Ce minéral est assez rare dans des gîtes manganésifères.

Usages

Il faut se référer aux usages du Mn dans le manganite.

BRAUNITE
(Système quadratique)

Formule chimique : 3 $(Mn, Fe)_2O_3$, SiO_3Mn

Poli

Son poli est bon, mais très long à obtenir.

Dureté

La dureté de la braunite est assez grande, elle est légèrement supérieure à celle du manganite.

Pouvoir réflecteur

Le pouvoir réflecteur de la braunite est de l'ordre de 20,1 %.

Couleur

La braunite a une couleur grise nuancée de brun.

– Elle est moins brune que la magnétite.
– Elle est beaucoup plus sombre que la pyrolusite.
– Elle est plus sombre que le psilomélane.
– Elle a un très léger pléochroïsme.

Anisotropie

L'anisotropie de la braunite est très faible, elle est visible à la limite des grains, en immersion.

Macles

Les macles non lamellaires sont rares.

Faciès, structures, clivages

On observe des cristaux automorphes, en octaèdres rassemblés en agrégats, dont la taille est souvent faible.

Tests microchimiques

Reconnaissance :

Les réactifs les plus usuels sont presque sans effets.

L'utilisation de $SnCl_2$ produit un ternissement permanent, au bout de quatre minutes. L'utilisation de H_20_2 produit une faible effervescence, sans attaque.

L'utilisation de $SnCl_2$ + HCl produit des taches brunes, l'attaque devient forte au bout de quatre minutes (sur le psilomélane des taches noires et rien sur l'oligiste.)

Associations fréquentes

La braunite s'associe fréquemment au psilomélane, à la magnétite et à la pyrolusite.

Usages

Pour le Mn, il faut voir les usages du manganite.

Pour le Fe, il faut voir les usages de la goethite.

Pour le Si, il faut voir ceux de la silice (Quartz).

PSILOMELANE
(Système orthorhombique)

Formule chimique

Sous le nom psilomélane, se trouvent rassemblés divers composés, riches en manganèse, tous cryptocristallins, parmi lesquels il est possible de distinguer :

– La romanéchite ou psilomélane au sens strict : $Ba\text{-}Mn^{II}\text{-}Mn^{IV}{}_8\text{-}O_{16}\text{-}(OH)_4$

– La série isomorphe des manganates non hydratés : $X\text{-}R^{II}\text{-}Mn^{IV}\text{-}O_{16}$

– RII peut être Mn, Fe, Cu, Zn, en tout ou partie. Selon l'élément majoritaire constituant X, on sépare divers termes dans cette série.

– Si, $X=K_2$: Cryptomélane (minéral mal connu, très voisin de la romanéchite.)

– Si X=Ba : Hollandite.

– Si, X= Pb : Coronadite.

– La ranciéite est souvent confondue avec la romanéichite : $(Ca, Mn^{II})\ Mn^{IV}{}_4O_9,3H_2O$.

Remarque :

On rassemble aussi sous le nom de « Psilomélane » des gels de manganèse qui peuvent former des masses propres ou constituer un ciment entre les petits cristaux dans les manganates ci-dessus mentionnés (Conception de Orcel, 1925.)

Poli

Le poli de la psilomélane est très variable : un minéral plus individualisé tel que la coronadite peut prendre un excellent poli, mais une association de tous ces minéraux rassemblés sous le nom de « Psilomélane » prend plus généralement un poli très moyen.

Dureté

La dureté de psilomélane assez forte, mais variable : elle va de la dureté de la magnétite à une dureté supérieure à celle de la braunite.

Pouvoir réflecteur

Le pouvoir réflecteur de psilomélane est variable. Il peut aller de l'ordre de 25 % à 35 %. En règle générale, le pouvoir réflecteur, selon une direction parallèle à l'axe quaternaire, est supérieur au pouvoir réflecteur selon une direction perpendiculaire à cet axe. On ne peut pas mesurer le pouvoir réflecteur que sur des minéraux bien individualisés ; ainsi, les valeurs suivantes ont-elles été trouvées (Orcel, 1925.) Coronadite : Rg = 32,5 % et Rp = 27,5 %.

Couleur

Le psilomélane est blanc grisâtre, parfois nuancé d'une légère coloration.

– La romanéchite est légèrement bleutée, nettement pléochroïque, plus sombre que la pyrolusite et la hollandite.

– Elle est blanche, distinctement pléochroïque.

– Elle est légèrement jaunâtre, à peine pléochroïque, plus jaune que l'oligiste, assez semblable à la pyrolusite.

Anisotropie

L'anisotropie de psilomélane est forte, dans les tons blancs, pouvant être légèrement colorée chez la hollandite (nuances bleu et jaune.)

Remarque : Les gels de manganèse, substances amorphes, sont bien évidemment isotropes.

Macles

La hollandite présente parfois des fines macles polysynthétiques s'entrecroisant selon deux directions, assez semblables à celles de l'oligiste.

Faciès, structures, clivages

On observe des cristaux en très fines aiguilles, d'une épaisseur peu supérieure (au maximum à un micron), d'une longueur pouvant atteindre plus de trente microns, fréquemment associés en agrégats radiés (essentiellement chez la hollandite et la coronadite.)

On note aussi la présence des agrégats très finement grenus, assemblés en texture colithique, botryoïdale (essentiellement chez les romanéchites.)

Tests microchimiques

Reconnaissance :

L'utilisation de $SnCl_2$ produit une attaque positive remarquable par :

– Un noircissement chez romanéichite.

– Une attaque sans taches sur la coronadite.

– Un développement des clivages de la hollandite.

L'utilisation de HNO_3 produit une légère attaque avec taches brunes sur la romanéichite, sans taches sur la coronadite et ni sur la sur la hollandite.

L'utilisation de HCl ne produit d'attaque que sur la romanéchite.

L'utilisation de $FeCl_3$ produit une attaque uniquement chez la romanéchite.

Associations fréquentes

La braunite s'associe fréquemment au psilomélane, à la magnétite et à la pyrolusite.

La coronadite et la hollandite se trouvent en général avec la romanéchite et aussi avec les autres minéraux du manganèse.

Les wads sont des variétés terreuses assez mal connues d'oxydes de manganèse.

Usages

On exploite ce minéral uniquement pour le Mn. Donc pour ses usages, il se réfère aux usages du manganite.

CINABRE
(Système rhomboédrique)

Formule chimique : HgS

Poli

Le poli du cinabre est variable, il peut prendre un bon poli s'il n'est pas associé avec des minéraux plus durs.

Dureté

La dureté du cinabre est moyenne, elle est comprise entre celle de la galène et celle de la chalcopyrite.

Pouvoir réflecteur

Le pouvoir réflecteur du cinabre est de l'ordre de 26,3 %.

Couleur et pléochroïsme

Le cinabre est gris bleuté.

– Il est plus sombre et bleu, à côté de la galène.

– Il présente un léger pléochroïsme visible dans l'huile (gris violacé à jaune verdâtre.)

Anisotropie

L'anisotropie du cinabre est moyenne, cachée par les réflexions internes.

Réflexions internes

Le cinabre présente fréquemment des réflexions internes de couleur rouge à orangée.

Faciès, structures,clivages

Par imprégnation (immersion), on observe des agrégats grossiers.

Tests microchimiques

Reconnaissance :

L'utilisation de l'eau régale produit de l'effervescence et des taches irisées.

Associations fréquentes

Le cinabre est peu associé aux autres minéraux, cependant, il se trouve parfois en association avec la pyrite, la chalcopyrite et la tétraédrite.

Usages

Le mercure est utilisé pour l'amalgamation de l'or (Au) ou de l'argent (Ag).

Il est utilisé, aussi pour :

– La fabrication des instruments de mesure (thermomètres) et de contrôle, des appareillages électriques.

– Le mercure est utilisé dans les cuves d'électrolyse des usines de chlore et de soude.

– Il est aussi utilisé pour des produits pharmaceutiques (calomel, sublimé.)

– Il est utilisé aussi pour des travaux de dentisterie.

– Il est utilisé aussi en pyrotechnie, à la fabrication des insecticides et des bactéricides.

– L'oxyde mercurique est utilisé pour la fabrication des piles électriques dans les satellites artificiels.

URANINITE
(Système cubique)

Formule chimique : UO_2

Poli

Le poli de l'uraninite est assez mauvais.

Dureté

La dureté de l'uraninite est grande, elle est légèrement inférieure à celle de la pyrite.

Pouvoir réflecteur

Le pouvoir réflecteur de l'uraninite est de l'ordre de 16 %.

Couleur

L'uraninite a une couleur grise nuancée d'une pointe de brun.

– Elle est légèrement plus sombre que la magnétite.

– Elle plus claire que les pechblendes.

Anisotropie

L'uraninite est isotrope.

Réflexions internes

Les réflexions internes sont difficiles à reconnaître, elles sont d'une couleur brune très foncée.

Macles

Les macles non lamellaires sont rares.

Faciès, structures, clivages

On observe souvent une structure zonaire mise en évidence, parfois, par des inclusions orientées ; ceci, dans quelques cas.

Quant au faciès, on observe des cristaux automorphes, cubiques.

Tests microchimiques

Reconnaissance :

L'utilisation de HNO_3 produit parfois des taches brunes.

L'utilisation de $FeCl_3$ produit des taches brunes et grises.

Associations fréquentes

L'uraninite est fréquemment associée à la pyrite, à la pechblende, au mispickel et au cobaltite.

Usages

Une série d'usages de l'uranium repose sur des actions physiques en rapport avec la désintégration radioactive. Le radium (Ra) qui est l'élément fils de l'uranium est très précieux.

La principale utilisation de radium est médicale, de même que les radio-éléments artificiels il est utilisé comme « traceurs » dans des réactions biochimiques et dans études hydrologiques, etc. Mais, ces radio-éléments se rattachent aux utilisations de l'uranium puisqu'ils sont préparés à l'aide des « piles atomiques » ou réacteurs, construits au moyen de quantités importantes d'uranium métallique.

Le radium et le mésothorium produisent la phosphorescence permanente et la visibilité nocturne (montres, boussoles, mires d'armes à feu.)

La deuxième série d'usages de l'uranium est énergétique et est basée sur la fusion nucléaire de l'U_{235} ou de sa transformation en plutonium. Ce dernier (plutonium) se forme au sein de l'uranium 238 par bombardement de neutrons lents. L'uranium 235 contenu dans l'uranium naturel fournit spontanément des neutrons rapides qui sont ralentis au passage à travers certains corps dits « Ralentisseurs » (graphite, eau lourde, béryllium).

PECHBLENDE
(Oxyde d'uranium massif, d'origine colloïdale)

Formule chimique : UO_2 UO_3

On désigne sous le nom « Pechblende » des oxydes massifs d'uranium, sans formes cristallines, ces produits peuvent prendre de grandes variétés de formes, telles que les faciès botryoïdes, colloformes, cellulaires, dendritiques, colithiques, en anneaux et en veinules.

Les sections à travers le faciès cellulaire ou le faciès colithique montrent fréquemment des fissures de retrait concentriques et radiaires.

Les pechblendes sont très souvent associées avec les arséniures de nickel-cobalt, de bismuth, de la galène, de la chalcopyrite.

Il y a deux sortes de pechblendes (Haycook, 1935) :

La pechblende I

La pechblende II

La Pechblende I

La pechblende I est riche en UO_2. Elle contient un peu d'UO_3.

Poli

Son poli est bon.

Pouvoir réflecteur

Le pouvoir réflecteur de la braunite est de l'ordre de 20,1 %.

Couleur

La pechblende est gris clair.

Tests microchimiques

Reconnaissance :

– L'utilisation de HNO_3 produit de l'effervescence, la surface devient brune à noire.

– L'utilisation de $FeCl_3$ produit un ternissage en gris brunâtre.

– L'utilisation de $KMnO_4$ en milieu acide, produit des taches brun clair.

– L'utilisation de $KMnO_4$ en milieu basique ne produit aucun effet.

La Pechblende II

En tant que produit d'oxydation de la pechblende I, la pechblende II est plus riche en UO_3 qu'en UO_2.

Poli

Son poli est mauvais. La surface est poreuse. Elle réagit vite aux réactifs chimiques en donnant les résultats suivants :

– L'utilisation de HNO_3 produit un noircissement instantané.

– L'utilisation de $FeCl_3$ produit un ternissement gris brunâtre.

– L'utilisation de $KMnO_4$ en milieu acide produit une attaque profonde colorée en brun foncé.

– L'utilisation de $KMnO_4$ en milieu basique produit des taches brun clair.

Dureté

Sa dureté est moyenne, comparable à celle de la blende.

Usages

Pour ce qui concerne les usages de l'uranium, il faut voir ceux de l'uraninite.

MINÉRAUX DES GANGUES
(Minéraux peu absorbants)

Il ne peut être question d'étudier les minéraux peu absorbants au microscope métallographique. Ceci est du domaine de la pétrographie en lumière transmise.

Il peut être intéressant cependant d'avoir quelques notions sur ces minéraux que l'on rencontre associés aux minéraux métalliques des gîtes métallifères, ne serait-ce que pour avoir une première idée de l'environnement, avant d'aborder en lame mince l'étude de celui-ci.

Tous les phénomènes observables sur les minéraux absorbants ne sont pas visibles sur les minéraux des gangues ; les critères de reconnaissance seront surtout ici :

– La dureté et les arrachements.

– La couleur des réflexions internes (ex. les minéraux du cuivre).

– Les pléochroïsmes (ex. carbonates).

– Les faciès (formes automorphes (quartz) et tablettes (minéraux micacés)).

– Les inclusions.

Remarques

Le poli des carbonates et des silicates est généralement fort bon.

Le pouvoir réflecteur des minéraux des gangues n'est pratiquement lié qu'à leur indice réel, puisqu'on peut considérer comme très négligeable leur coefficient d'absorption. Pour l'ensemble des gangues, ce pouvoir réflecteur varie d'environ 4 % à 20 % dans l'air, d'environ 0 % à 7 % dans l'huile. La figure 14, ci-dessous, précise la relation qui existe entre indices et pouvoirs réflecteurs.

LE QUARTZ (SiO_2)

Le quartz a un poli bien meilleur et plus facile à polir que celui des minéraux des gîtes de dureté équivalente (pyrite, cassitérite), aussi sa surface est-elle très limpide. Son pouvoir réflecteur est très faible (4,5 % : minéral peu absorbant, Fig. 14). Il présente souvent des formes automorphes.

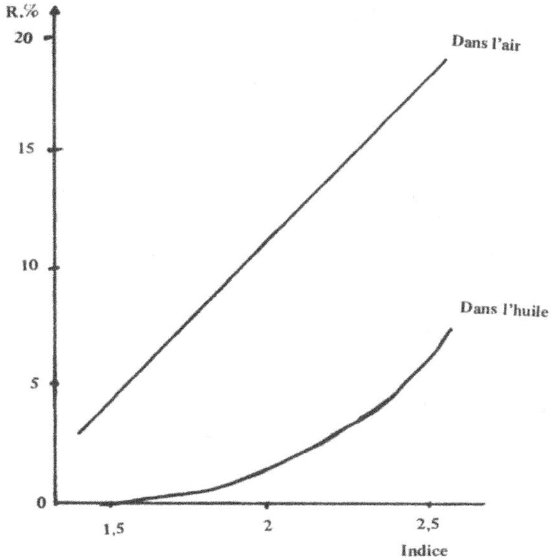

Fig. 14. Variation du pouvoir réflecteur des minéraux peu absorbants en fonction de leur indice

Usages de la Si

La silice est utilisée pour :

– La fabrication de ferrosilicium dans la sidérurgie.

– La fabrication des siliciums métalliques de haute pureté utilisables comme des semi-conducteurs, pour la fabrication des transistors et d'autres appareils électroniques. Il concurrence le germanium.

– La fabrication des alliages avec l'aluminium (96 % de Si métallique).

– La silice sous forme de :

* Sable intervient dans l'industrie du béton (bâtiments).

* Sable intervient pour la fabrication de la verrerie.

– La fabrication des briques de silice pour revêtements acides des fours métallurgiques.

– La silice sert aussi comme abrasifs dans le sciage des matériaux, tels que les marbres.

– La diatomite à sec ayant une densité de 0,15 à 0,4 peut absorber 25 à 45 % d'eau. Elle est réfractaire et résiste aux acides. Il sert comme abrasif, isolant thermique pour les hautes températures (1 000° à 2 500 °C).

– Elle sert, aussi, pour les papiers, la peinture et les vernis, les briques et tuiles céramiques, revêtements imperméables et des linoléums de matières plastiques, savons et détergents, etc.

– On la mélange avec la nitroglycérine pour faire des explosifs : la silice mélangée avec du charbon donne un « Noir de silice » très absorbant. Sous forme de briques, elle est employée comme isolant thermique et acoustique. Additionnée au ciment, elle lui donne de l'élasticité.

– Les cinérites et ponces volcaniques sont utilisées comme abrasifs doux (polissage de glaces et marbres), utilisés pour revêtement des routes.

– Les quartz nobles (agate et opale) sont utilisés comme pierres semi-précieuses ; c'est ce que l'on appelle cristal de roche, améthyste, quartz enfumé et citrine.

– Les agates calcédoines sont utilisées pour la fabrication des mortiers à usages des laboratoires chimiques et miniers ainsi que pour l'ornementation.

– L'opale est utilisée en bijouterie (comme exemple, un carat d'opale taillée coûte 100 $).

– Le quartz piézoélectrique est utilisé pour l'industrie de construction d'oscillateurs (contrôle de fréquence T.S.F.), de filtres électriques. C'est une matière stratégique.

– Les argiles sont utilisées dans l'industrie céramique, des terres décolorantes, des bentonites.

– Le kaolin est utilisé pour la papeterie, pour la fabrication du savon, pour la fabrication du talc, etc.

– Les terres décolorantes sont utilisées pour la fabrication des hydrocarbures des huiles, des eaux par filtration ou par agitation du liquide contenant cette terre en suspension.

– Les bentonites servent à la régénération des propriétés plastiques et absorbantes des vieux sables de fonderies, au colmatage des trous de sonde et des carottes de sondages, et décolorer les huiles. D'autres applications sont celles de l'industrie des réfractaires, de textiles, de caoutchouc, de goudron émulsionné, de pharmacie et de parfumerie.

LES CARBONATES

Les carbonates présentent tous un bon, voire même un excellent poli.

Leur dureté varie selon leur composition chimique, ainsi du moins dur au plus dur, se trouvent en particulier :

– La cérusite (CO_3Pb) ayant une dureté peu supérieure à celle de la galène.

– La calcite (CO_3Ca) ayant une dureté analogue à celle de la chalcopyrite.

– La malachite ($CO_3Cu_2(OH)_2$) et l'azurite ($(CO_3)2Cu_3(OH)_2$).

– La dolomite (CO_3Ca, CO_3Mg).

– La sidérose (CO_3Fe) ayant une dureté analogue à celle de la blende.

– La smithsonite (CO_3Zn).

Tous ces carbonates sont fortement pléochroïques.

La calcite, un minéral gris sombre, montre bien ses lamelles de macles au cours de son pléochroïsme. Les réflexions internes masquent sa forte anisotropie. Elle est vivement attaquée par tous les acides.

La dolomite ressemble beaucoup à la calcite, mais elle présente moins de macles, et n'est attaquée moins vivement que celle-ci.

La sidérose est plus claire que la calcite et que la dolomite. Elle n'est que rarement maclée ; ses réflexions internes sont généralement dédoublées. Ces cristaux sont souvent automorphes ; les textures de remplacement où intervient la sidérose sont fréquentes.

La smithsonite est d'une clarté analogue à celle de la sidérose. Elle n'est presque jamais maclée. Ses réflexions internes sont vert clair à jaunâtres. Il semble que la smithsonite présente des textures rythmiques avec la blende cryptocristalline.

La cérusite est moins sombre que la plupart des minéraux des gangues ($Rp = 8\ \%$ environ et $Rg = 12\ \%$). Elle est très fortement pléochroïque et sa forte anisotropie peut se voir entre nicols croisés. Ses réflexions internes s'observent sous forme de larges bordures multicolores, dues à sa considérable dispersion.

La malachite et l'azurite ont un pouvoir réflecteur analogue à celui de la sidérose. Les réflexions internes sont très caractéristiques : vertes pour la malachite et bleues pour l'azurite ; ces réflexions internes masquent presque totalement l'anisotropie.

Usages

Le carbonate et le sulfate de soude sont employés dans de nombreuses industries :

Il s'agit des industries de verres, de savons, de céramiques, de textiles, de divers produits chimiques et pharmaceutiques.

La barytine est employée dans les boues de sondages.

Les sulfates :

Les sulfates présentent un bon poli. Leur dureté dépend de leur composition chimique, ainsi :

– La barytine (SO_4Ba) a une dureté comprise entre celle de la calcite et celle de la sidérose.

– L'anglésite (SO_4Pb) a une dureté analogue à celle de la cérusite.

Le pouvoir réflecteur de l'anglésite est très faible, et l'on ne peut noter aucun pléochroïsme ni effet d'anisotropie.

La barytine présente des arrachements selon (001) et des réflexions internes dépourvues de couleur.

La fluorine

La fluorine possède un très bon poli. Elle a une dureté analogue à celle de la chalcopyrite.

Elle a un pouvoir réflecteur plus faible que n'importe lequel des minéraux des gangues. Elle est isotrope.

Usages

La fluorine est utilisée pour :

– La fabrication de l'acide fluorhydrique pour préparer le fluorure d'aluminium et la cryolite artificielle.

– La préparation des alliages en l'utilisant comme fondant.

– Son utilisation en céramique pour la fabrication des verres opalescents ou opaques, ou certains verres colorés, pour l'émaillage des fers et aciers. Elle sert de catalyseur pour produire des gaz à haut indice d'octane.

Les silicates

L'olivine prend un excellent poli. Sa dureté est plus faible que celle du quartz et reste supérieure de peu à celle de la magnétite. Sa couleur est gris sombre. Il n'est pas possible de distinguer leurs pléochroïsmes ou leurs anisotropies, mais les réflexions internes s'observent bien. Les cristaux sont parfois automorphes, mais le meilleur critère de reconnaissance est encore la serpentinisation : la serpentine a un pouvoir réflecteur nettement plus faible que l'olivine.

Les micas

Les minéraux micacés présentent généralement un mauvais poli. Leur dureté est faible, comprise, selon leur composition chimique, entre celle de la galène et celle de la chalcopyrite. Leur couleur est gris très sombre, plus sombre que le gris du quartz, des hornblendes et des augites. Il est inutile de considérer le pléochroïsme et l'anisotropie des minéraux micacés, dont le faciès schisteux est hautement caractéristique.

Les pyroxènes et amphiboles

Ces minéraux prennent un bon poli. Leur dureté est grande, mais elle est inférieure à celle de la pyrite. Leur pouvoir réflecteur est très faible. Leur couleur est gris sombre. Il n'est pas possible d'observer le pléochroïsme et l'anisotropie de ces minéraux. La structure zonaire est très répandue.

Le faciès en aiguille de ces minéraux est un bon critère de reconnaissance. On notera que l'observation des clivages des sections permet de différencier les amphiboles (clivages de la hornblende à 127 ° des pyroxènes : augite à 87 °).

Les Feldspaths

Les feldspaths ne sont que rarement constitutifs des gangues de minerais utiles. Ils se polissent bien, et leur dureté est analogue à celle des amphiboles et des hornblendes. Leur reconnaissance en lumière polarisée est très difficile ; parfois, la séricitisation peut être un guide.

TABLEAU I. Minéraux classés par leur dureté croissante (D'après Uytenbogardt)

Nom du minéral	Nom du minéral	Nom du minéral	Nom du minéral
1 Argyrose	18 Or	**35 Blende**	52 Braunite
2 Bismuth	19 Argent	36 Pentlandite	53 Hollandite
3 Polybase	20 Cinabre	37 Braveïte	54 Chromite
4 Péarcéite	21 Bornite	38 Pyrrhotine	55 Ilménite
5 Proustite	**22 Chalcopyrite**	39 Nickéline	56 Rutile
6 Pyrargyrite	23 Cubanite	40 Breithauptite	57 Wolframite
7 Miargyrite	24 Molybdénite	41 Skuttérudite	58 Mispickel
8 Stéphanite	25 Graphite	**42 Rammelsbergite**	59 Cobaltine
9 Stibine	26 Freibergite	43 Safflorite	60 Uraninite
10 Boulangérite	27 Tétraédrite	44 Löllingite	61 Oligiste
11Jamesonite	28 Tennantite	45 Gersdoffitte	62 Marcassite
12 Covelline	29 Famatinite	46 Lépidocrocite	**63 Pyrite**
13 Chalcosine	30 Énargite	47 Goethite	64 Cassitérite
14 Néodigénite	31 Ténorite	48 Manganite	65 Minéraux à dureté variable (Psilo Mélane-Polianite)
15 Galène	32 Cuprite	49 Coronadite	
16 Bismuthine	33 Stannite	50 Hausmannite	
17 Bournonite	34 Millérite	51 Magnétite	

TABLEAU II. Minéraux classés par leur pouvoir réflecteur croissants (D'après Folinsbee)

P.R. %	Minéral	P.R. %	Minéral	P.R. %	Minéral	P.R. %	Minéral
5	Graphite Rp.		Lépidocrocite		Pyrargyrite		Breithauptite
22,5	Graphite Rp.				Freibergite	50	Marcassite
10-	Covelline Rp.		Ténorite		**Tétraédrite**		Mispickel
15	Covelline Rg.	22,5	Bornite		Manganite Rg.	52,5	Cobaltine
10	Chromite mi obs.		Rutile		Chalcosine		Nickéline
15	Chromite ma obs.		Néodigénite		Polianite Rp.		Gersdorffite
10	Cassitérite	25	Famatinite		Miargyrite		Löllingite
15	Uraninite		Cinabre	35	Polybasite		Millérite
15	Molybdénite Rp.		Oligiste		Bournonite	55	**Pyrite**
35	Molybdénite Rg.		Stannite	37,5	Jamesonite		Skuttérudite
15	Goethite	27,5	Cuprite		Stibine		Safflorite
17,5	**Blende**		Énargite		Boulangérite	60	Rammelsbergite
	Wolframite		Psilomélane Rp.		Polianite Rg.	71,3	Bismuth
		32,5	Psilomélane Rg		Bravoïte	73,4	Or
	Manganite RP.	27,5	Tennantite	40	Pyrrhotine	93,8	Argent
30	Manganite Rg.		Stéphanite		Bismuthine		
17,5	Ilménite		Proustite		Cubanite		
	Hausmannite	30	Péarcéite	42,5	**Galène**		
			Coronadite Rp.		Chalcopyrite		
20	Braunite	32,5	Coronadite Rg.	45	Pentlandite		

TABLEAU III. Minéraux classés d'après leur couleur au microscope métallographique

Minéraux bleus : Covelline-Néodigénite
Minéraux blancs ou gris
Avec une pointe de bleu
Molybdénite-Bismuthine-Safflorite-Bournonite-Coronadite-Oligiste-Magnétite
Plus nettement bleutés : Chalcosine-Cuprite-Cinabre-Pyrargyrite
Avec une pointe de vert
Jamesonite-Boulangérite-Argyrose-Tétrédrite-Tennantitte-Polybasite-Péarcéite ;
Avec une pointe de jaune
Rammelsbergite-Lollingite-Gersdorffite-Marcassite-Hollandite-Pyrite-Polianite
Avec une pointe de crème
Stibine-Skuttérudite-Mispickel-Pentlandite-Ténorite-Bravoïte-Bismuth-Proustite
Avec une pointe de brun clair Freibergite-Braunite
Avec une pointe de rose brunâtre Galène-Argent-Énargite
Avec une pointe de violet Ilménite-Stéphanite
Minéraux gris sombre
Graphite-Chromite-Cassitérite-Pechblende-Uraninite-Goethite-Blende-Wolframite- Hausmannite-Lépidocrocite-Magnétite-Rutile
Minéraux vert olive
Stannite
Minéraux jaunes
Or-Millérite-Chalcopyrite-Famatinite (orangé brunâtre)
Minéraux rosés
Rose brunâtre : Bornite rose jaunâtre : Nickéline rose-franc : Pyrrhotine-Cobaltine- Cubanite rose violacé : Breithauptite.

TABLEAU IV. Minéraux pléochroïques

Pléochroïsme intense : Covelline-Molybdénite
Fort pléochroïsme : Stibine-Graphite-Breithauptite-Jamesonite-Bismuthine
Pléochroïsme moyen
Boulangérite-Proustite-Ramanéchite-Coronadite-Manganite-Polianite-Nickeline- Pyrrhotine-Famatinite
Faible pléochroïsme
Millérite-Stannite-Marcassite-Cubanite-Tennantite-Mispickel
Très faible pléochroïsme
Löllingite-Safflorite-Rammelsbergite-Miargyrite-Argents noirs-Pyrargyrite-Chalcopyrite- Enarargirite-Chalcosine-Bournonite-Hollandite-Wolframite-Cassitérite- Hausmannite- Braunite-Cinabre.

TABLEAU V. Minéraux classés d'après leur degré d'anisotropie

Anisotropie forte : Covelline-Molybdénite-Stibine-Bismuthine
Anisotropie forte
Graphite-Énargite-Famatinite-Pyrrhotine-Breithauptite-Nickeline-Millérite-Rammelsbergite-Safflorite-Loöllingite-Mispickel-Marcassite-Lépidocrocite-Jamesonite- Boulangérite-Manganite-Polianite-Coronadite-Argents-rouges-Cubanite-Hollandite- Romanéchite.
Anisotropie moyenne
Oligiste-Ilmééenite-Rutile-Stannite-Hübnérite-Bismuth-Ténorite-Cinabre-Cassitérite- Argents noirs-Hausmannite-Miargyrite-Stéphanite
Anisotropie faible :
Chalcopyrite-Goethite-Cuprite (anormal)-Ferbérite-Bournonite
Anisotropie très faible
Chalcosine-Braunite-Bornite (anormale)-Pyrite (anormale)-Argyrose-**Isotropie**
Blende-Galène-Pyrite-Cuivres-gris-Néodigénite-Magnétite-Chromite-Bravoïte-Pentlandite-Skuttérudite-Cobaltine-Gersdorffite-Argent-Uraninite-Or-Gels de manganèse.

TABLEAU VI. Minéraux métalliques doués de réflexions internes

Réflexions internes fréquentes
Blanc à brun jaunâtre
Blende-Cassitérite
Rouges
Cuprite-Rutile-Cinabre-Argents rouges
Brun rougeâtre
Goethite
Réflexions internes peu fréquentes
Rouges
Hübnérite-Argents noirs-Lépidocrocite
Brunes
Romanéchite-Chromite-Tennantite
Réflexions internes rares
Miargyrite-Manganite-Hausmannite-Uraninite-Énargite-Covelline-Oligiste-Ilménite.

TABLEAU VII. Réactions des minéraux aux tests microchimiques courants (D'après Short, 1940)

NO3H	HCl	KCN	FeCl3	Minéraux + remarques
Eff.	+	+	+	Cuprite
Eff.	?	+	++	Chalcosine
Eff.	?	?	+	Argent
Eff.	?	-	-	Bismuthine
Eff.	-	+	? -	Bornite Néodigénite
Eff.	-	-	+	Rammelsbergite
Eff.	-	-	?	Nickéline
Eff.	-	-	-	Gersdorffite
Eff.	+	-	+	Galène Bismuth (E.R. +)
Eff.	?	+	-	Stibine
Eff.	?	-	-	E.R. Eff. Jamesonite
Eff.	?	-	-	E.R. + Boulangérite
Eff.	-	-	+	Safflorite Scuttérudite
Eff.	-	-	?	Löllingite
Eff.	-	-	-	E.R. Pyrite Marcassite
Eff.	-	-	-	E.R. + Millérite Mispickel
+	+	-	?	Romanéchite
+	?	-	+	Pechblende II
+		+	+	Péarcéite
+		?	?	Freibergite
+		-	+	Breithauptite-Uraninite-Pechblende I
+		-	+	Pechblende-Stannite-Coronadite-Hollandite
?	+	+	+	Argyrose
?	+	-	?	Ténorite
?	+	+	?	Polybasite-Pyrargyrite
?	+	-	-	E.R. + Bravoïte-Hausmannite-Pyrrhotine
?	-	+	?	Proustite
?	-	+	-	Énargite-Covelline-Miargyrite
?	-	?	-	Tétraédrite-Tennantite
?	-	?	-	Cubanite
Eff.	-	-	-	E.R., Eff. : Blende-Bournonite
?	-	-	-	E.R.? Pyrite-Chalcopyrite E.R. – Cobaltine-Molybdénite
?	?	+	?	Stéphanite
?	?	-	-	E.R. – Magnétite-Polianite-Magnétite
?	?	?	-	E.R. Eff. ? Or
Eff.	-	-	-	E.R. : Eff. Cinabre E.R. Graphite-Chromite-Braunite-Oligiste-Ilménite-Rutile-Cassitérite-Wolframite-Goethite-Lépidolite

Annotations : Eff. = Le réactif produit une effervescence nette

Eff. ? = Le réactif produit soit une effervescence douteuse, soit on observe sur certaines sections du minéral une simple attaque

\+ = Le réactif produit toujours une attaque nette

? = L'attaque par le réactif est douteuse, ou elle ne se produit pas toujours

– = La section n'est pas attaquée par le réactif

E.R. = Réaction produite par l'eau régale sur la section.

BIBLIOGRAPHIE

I. Théorie physique et pratique

BEREK M. (1937). *Optische Messmethoden im polarisierten Auflicht.* Fortschr. Min. t. 22, p. 1-104.

CAPDECOMME L., ORCEL J. (1940). *Détermination des propriétés optiques des cristaux opaques à l'aide du microscope métallographique polarisant.* Bull. Soc. Franç. Min. t. 63, p. 19-56.

NAYDENUVA E., ZAPRIANUVAN (1958). *Manuel de détermination des minéraux métallifères au microscope.*

ORCEL J. (1925). *Les méthodes d'examen des minerais métalliques.* Bull. Soc. Franç. Min., t. 48, p. 272-361.

II. Descriptions métallogéniques et aspects théoriques

BERNARD A. (1963). Fascicule des Travaux pratiques de métallogénie de l'École Nationale Supérieure de Géologie de Nancy.

DENAEYER E. Marcel (1951). *Tableau de pétrographie.*

DOROKHINE I., BOGATCHEVA E., DROUGININE A., SOBOLEVSKY V., GORBOUNOV E. (1967). *Gisements de minéraux utiles et leur prospection.*

JACQUES MARCHAND (1996). *L'économie minière en Afrique australe.* Manuel de 415 pages proposant l'insertion du sous-continent à l'économie mondiale.

LINDGREN W. (1934). *Mineralium deposits.* New York.

OKITAUDJI Lokoho (1978). *Manuel de Travaux pratiques de Métallogénie.* Éd. PUZ (Presse universitaire du Zaïre).

OKITAUDJI Lokoho (1983). « Minéralisations cupro-cobaltifères du gisement de Kambove Ouest au Shaba (Zaïre) ». Thèse de doctorat de troisième cycle soutenue à Nancy (France).

OKITAUDJI Lokoho (1989). « Géologie sédimentaire et minéralisations syndiagénétiques de l'Arc cuprifère du Shaba (Zaïre) ». Thèse de doctorat d'État soutenue à Nancy (France).

OKITAUDJI Lokoho (2003-2007). Cours de métallogénie approfondie pour le DEA à l'Université de Kinshasa (l'UNIKIN).

OKITAUDJI Lokoho (2003-2007). Cours d'économie minière pour le DEA à l'Université de Kinshasa (l'UNIKIN).

OKITAUDJI Lokoho (2008 à actuel). Cours de prospection minière à l'Université de Kinshasa (l'UNIKIN).

OKITAUDJI Lokoho (2008 à 2014). Cours d'initiation à la recherche scientifique à l'Université de Kinshasa (l'UNIKIN).

ORCEL J. (1928). « Note sur les caractères microscopiques des minéraux opaques, principalement en lumière polarisée ». *Bull. Franç. Min.*, t. 51, p. 17-210.

PANOU G., et TILLE R. (1970). Méthodes de détermination des minéraux (Fascicule des travaux pratiques du Laboratoire de préparation des minerais de l'ULB).

RAMDOHR P. (1950). *Die Ezzmineralien and inhre Verwachsungen.* Berlin.

SCHNEIDERHOHN H., RAMDOHR P. (1931-1933). *Lehrbuch der Ezzmikroskopie.* Berlin.

SHORT M.N. (1940). "Microscope determination of the ore minerals. U.S. Geol." *Surv. Bull.* 914.

UYTENDOGAARDT W. (1951). *Tables for microscopic identification of the ore minerals.* Princetown.

VAN DER VEEN R.W. (1925). *Mineragraphy and ores deposition.* La Haye.

III. Usages des éléments :

RAGUIN (1951). *Géologie des gîtes minéraux*, 3e Édition.

TABLE DES MATIÈRES

CHAPITRE IV

CHAPITRE V

TABLEAUX

SCIENCES DE LA TERRE (GÉOLOGIE, CLIMATOLOGIE, HYDROLOGIE...)

AUX ÉDITIONS L'HARMATTAN

Dernières parutions

DE L'ANTARCTIQUE AUX ESPACES INTERSTELLAIRES
Les bactéries du froid
Yvon Michel-Briand
L'exploration de l'Arctique et de l'Antarctique fascine encore l'homme avide de découvrir des territoires toujours vierges. Des bactéries de l'extrême ont été isolées de sol à -10°C datant de 500.000 ans. Ces bactéries ont un rôle important dans l'effet de serre. Les enzymes de ces cellules ont acquis une certaine souplesse pour rester actives. La découverte de ces bactéries installées dans des conditions de vie glaçantes a rendu plus crédible la recherche d'une vie en dehors de la Terre.
(204 p., 21,5 euros)
ISBN : 978-2-343-15820-4, EAN EBOOK : 9782140107740

LES MAÎTRES DE L'EAU
Francesco Masala
Traduit de l'italien (Sardaigne) par Claude Schmitt
Comme la nature ne l'a pas répartie équitablement, l'eau a toujours été un enjeu de pouvoir. Ce bien, qui devrait être commun, qui devrait être une eau libre, a de tout temps constitué une occasion de conflits entre les hommes. L'exemple de la Sardaigne nous montre que depuis la nuit des temps des hommes se sont déclarés les « maîtres » de cette eau, qu'ils l'aient sacralisée ou tout simplement privatisée. Ce n'est que par une gestion rationnelle et démocratique qu'elle pourra servir à étancher la soif des hommes et des champs.
(80 p., 11,5 euros)
ISBN : 978-2-343-16065-8, EAN EBOOK : 9782140107085

CHANGEMENTS CLIMATIQUES ET SAVOIRS LOCAUX
Paix, résilience et développement intégré au Mandé (Mali)
Bakary Toumanion, Sergio Giani
Préface de Mandjou Yattara
Dans ce 2e numéro des « Cahiers de FESCAURI » sont publiées les contributions des différents experts qui ont participé à la conférence-débat : Savoir local, paix et développement. Bakary Toumanion a exposé ses réflexions sur la transition écologique et la dynamique sociale au Mandé. Sergio Giani et Rokia Sanogo ont analysé les relations entre dérégulation du climat, la santé de la communauté et les ressources de la médecine traditionnelle. Souleymane Dolo a souligné la place de la femme dans la société du Mandé et le savoir local qu'elle a su développer...
(Coll. Harmattan Mali, 218 p., 22,5 euros)
ISBN : 978-2-343-16239-3, EAN EBOOK : 9782140105654

MISE EN VALEUR DES AMÉNAGEMENTS HYDRO-AGRICOLES DU BASSIN DE L'ANAMBÉ

Aliou Baldé

La péjoration climatique qui sévit dans la région soudano-sahélienne a remis en cause l'efficacité des méthodes culturales traditionnelles entraînant un important exode rural. Dès lors, l'irrigation s'avère indispensable pour limiter les effets de la sécheresse. C'est dans contexte qu'elle a été introduite dans le bassin de l'Anambé. Après 40 ans d'expérience et malgré les énormes potentialités agro-économiques du bassin et les gros investissements réalisés par l'Etat, les résultats sont décevants. Cet ouvrage cherche à expliquer ce paradoxe et à proposer des solutions efficaces et durables.

(Coll. Harmattan Sénégal, 436 p., 40 euros)

ISBN : 978-2-343-14400-9, EAN EBOOK : 9782140097836

L'AFRIQUE UN CONTINENT AUX RESSOURCES MINIÈRES EXCEPTIONNELLES

Abel Renaud Eba

Dans le but de confirmer l'importance géopolitique et économique de l'Afrique et le caractère géostratégique de ses minerais, ce livre met en évidence l'énorme potentiel minier de l'Afrique tout en faisant le lien avec les questions de développement typiques de ce continent.

(396 p., 39 euros)

ISBN : 978-2-343-13821-3, EAN EBOOK : 9782140087745

LE PÉRIL DE LA POLLUTION SUR LE FLEUVE NIGER

Sidy Ba

Cet ouvrage est consacré à l'examen des différents types de pollution sur le fleuve Niger, ainsi qu'à leurs conséquences, soit connues et visibles, soit plus subtiles et insoupçonnées, mais tout aussi dangereuses. Il apporte des éclaircissements scientifiques sur les mécanismes de contamination de divers types de polluants et leur impact sur les espèces animales et végétales. L'auteur propose quelques pistes de solution pour prévenir, limiter et réduire la pollution grandissante du fleuve Niger.

(Coll. Études africaines, 170 p., 17,5 euros)

ISBN : 978-2-343-13652-3, EAN EBOOK : 9782140059520

HISTOIRE DU CLIMAT EN FRANCHE-COMTÉ

du Jurassique à nos jours

Collectif

L'évolution du climat est assurément parmi les questions les plus importantes du XXIe siècle. Si les auteurs font la part belle à la Franche-Comté dans ce livre, ils n'occultent pas les grandes tendances climatiques touchant la planète entière. Le lecteur découvrira ainsi les résultats les plus récents et pourra reconstituer l'histoire climatique des 500 derniers millions d'années de la Franche-Comté

Editions du Belvédère (240 p., 23 euros)

ISBN : 978-2-88419-384-9, EAN EBOOK : 9782140059520

ARCHÉOLOGIE ET ARCHITECTURE TRADITIONNELLE EN AFRIQUE DE L'OUEST

Le cas des revêtements de sols au Togo

Une étude comparée

Dola Angèle Aguigah

Préface de Jean-Baptiste Kiethega

Ce livre porte sur l'organisation de l'espace dans l'architecture traditionnelle en Afrique. Il étudie, d'un point de vue scientifique, les pavements et terres damées dans les régions du golfe du Bénin. Il s'agit d'un travail de terrain de longue haleine, confronté aux découvertes des chercheurs durant les quatre dernières décennies. Cet ouvrage étudie les revêtements de sol dans l'espace habité, depuis l'Afrique centrale autour du lac Tchad, jusqu'en Afrique de l'Ouest dans le golfe de Guinée. La période concernée s'étend du VIè au XXIè siècle.

(Coll. Histoire Africaine, 286 p., 31 euros)

ISBN : 978-2-343-15637-8, EAN EBOOK : 9782140105920

MATHÉMATIQUES, PHYSIQUE, MÉTAPHYSIQUE

Les voies du réel

André Thayse

L'énigme essentielle à propos de l'Univers a été énoncée au dix-huitième siècle par le philosophe et mathématicien Gottfried Leibniz : Pourquoi y a-t-il quelque chose plutôt que rien ? Question à laquelle la Modernité a ajouté : Qu'est-ce qui fait gravir à ce quelque chose les échelons de complexité ? En Europe occidentale les deux traditions qui se sont penchées sur cette question sont celles de la Sagesse - religieuse et laïque - et des sciences exactes.

Academia (Coll. Sciences et enjeux, 212 p., 21 euros)

ISBN : 978-2-8061-0422-9, EAN EBOOK : 9782806109828

RÉFLEXIONS SUR LA SCIENCE ET QUELQUES FLÂNERIES

Abécédaire

Francis Bailly

Cet abécédaire rassemble des réflexions inspirées par une vie de chercheur scientifique et de penseur. Ces dossiers sont classés par l'auteur en trois parties : « Homme, détermination et liberté » ; « Significations » ; « Science, vérité, rationalité ». Les deux premières traitent de constantes de la nature humaine, psychologiques, sociales, éthiques, voire, dans certains cas, politiques, qui gouvernent souvent les comportements mais peuvent être infléchies par la volonté individuelle. La troisième partie relève de la philosophie des sciences et de l'épistémologie : elle examine des concepts de la science occidentale communément admis et utilisés comme autant d'évidences universelles.

(228 p., 23,5 euros)

ISBN : 978-2-343-15358-2, EAN EBOOK : 9782140099410

MÉTHODE CYCLIQUE À SPIRALE, UNICITÉ DU SUJET ET DE L'OBJET EN SCIENCE

Comment espérer retrouver tout ce qui est recherché en science

Wendoudi Appolinaire Beyi

L'approche cyclique, semi-cyclique et spirale explore les objets scientifiques en identifiant des évènements signifiants jusqu'à l'exhaustivité et en justifiant les trajectoires d'emprunts de(s) chaine(s) de causalité(s) centrée(s), diffuse(s) ou évolutive(s) dans le temps et dans l'espace. Ne cherchez pas de méthode scientifique dans la démarche, elle récuse les normes prédéfinies.

(Coll. Harmattan Burkina Faso, 72 p., 11,5 euros)

ISBN : 978-2-343-15484-8, EAN EBOOK : 9782140096884

FLORE ET FAUNE DU NIGER ET DES PAYS VOISINS

Ibrahim Najada

Cet ouvrage présente plus de 370 espèces d'animaux et de plantes, qui permettent de mieux comprendre la faune et la flore du Niger et des pays limitrophes. Comblant un vide dans plusieurs disciplines, les chercheurs y trouveront des réponses appropriées aux multiples interrogations qui touchent l'environnement dans un contexte sahélien (nombreuses photos couleur).

(284 p., 45 euros)

ISBN : 978-2-343-14189-3, EAN EBOOK : 9782140095818

FEMMES DE SCIENCES

Quelles conquêtes ? Quelle reconnaissance ?

Rencontres de Mix-Cité 2017 - Textes réunis par Dominique Bréchemier et Nicole Laval-Turpin

Cette nouvelle session des rencontres Mix-Cité ouvre une nouvelle perspective, thématique et diachronique, autour des femmes de sciences un immense continent dont n'émergent que quelques noms emblématiques, Émilie du Châtelet au temps des Lumières ou Marie Curie au XXe siècle. Il y eut pourtant de remarquables chercheuses dans des domaines aussi divers que les mathématiques, la paléontologie, la médecine ou l'ethnologie. Trop souvent dans l'ombre d'un mari ou de collègues prompts à récupérer le fruit de leurs travaux, elles n'ont guère bénéficié de la moindre renommée. Au-delà d'une approche biographique, il s'agit de présenter leurs découvertes, leur originalité, et les chemins étroits d'une émancipation laborieuse : la Recherche ne s'est pas toujours montrée prompte à ouvrir aux femmes les portes de la Science.

(212 p., 21,5 euros)

ISBN : 978-2-343-15105-2, EAN EBOOK : 9782140095481

Structures éditoriales du groupe L'Harmattan

L'Harmattan Italie
Via degli Artisti, 15
10124 Torino
harmattan.italia@gmail.com

L'Harmattan Hongrie
Kossuth l. u. 14-16.
1053 Budapest
harmattan@harmattan.hu

L'Harmattan Sénégal
10 VDN en face Mermoz
BP 45034 Dakar-Fann
senharmattan@gmail.com

L'Harmattan Cameroun
TSINGA/FECAFOOT
BP 11486 Yaoundé
inkoukam@gmail.com

L'Harmattan Burkina Faso
Achille Somé – tengnule@hotmail.fr

L'Harmattan Guinée
Almamya, rue KA 028 OKB Agency
BP 3470 Conakry
harmattanguinee@yahoo.fr

L'Harmattan RDC
185, avenue Nyangwe
Commune de Lingwala – Kinshasa
matangilamusadila@yahoo.fr

L'Harmattan Congo
67, boulevard Denis-Sassou-N'Guesso
BP 2874 Brazzaville
harmattan.congo@yahoo.fr

L'Harmattan Mali
Sirakoro-Meguetana V31
Bamako
syllaka@yahoo.fr

L'Harmattan Togo
Djidjole – Lomé
Maison Amela
face EPP BATOME
ddamela@aol.com

L'Harmattan Côte d'Ivoire
Résidence Karl – Cité des Arts
Abidjan-Cocody
03 BP 1588 Abidjan
espace_harmattan.ci@hotmail.fr

L'Harmattan Algérie
22, rue Moulay-Mohamed
31000 Oran
info2@harmattan-algerie.com

L'Harmattan Maroc
5, rue Ferrane-Kouicha, Talaâ-Elkbira
Chrableyine, Fès-Médine
30000 Fès
harmattan.maroc@gmail.com

Nos librairies en France

Librairie internationale
16, rue des Écoles – 75005 Paris
librairie.internationale@harmattan.fr
01 40 46 79 11
www.librairieharmattan.com

Librairie l'Espace Harmattan
21 bis, rue des Écoles – 75005 Paris
librairie.espace@harmattan.fr
01 43 29 49 42

Lib. sciences humaines & histoire
21, rue des Écoles – 75005 Paris
librairie.sh@harmattan.fr
01 46 34 13 71
www.librairieharmattansh.com

Lib. Méditerranée & Moyen-Orient
7, rue des Carmes – 75005 Paris
librairie.mediterranee@harmattan.fr
01 43 29 71 15

Librairie Le Lucernaire
53, rue Notre-Dame-des-Champs – 75006 Paris
librairie@lucernaire.fr
01 42 22 67 13

www.ingramcontent.com/pod-product-compliance
Lightning Source LLC
LaVergne TN
LVHW010929061026
849535LV00007B/2315